时尚的颜色：
10 种服饰颜色的故事

THE COLOUR OF
FASHION:
THE STORY OF CLOTHES
IN 10 COLOURS

[英] 卡罗琳·杨（Caroline Young）著

余渭深　邸超 译

重庆大学出版社

Dior 2005/2006秋冬

Introduction 前言

我们生活在一个能大胆选择色彩的时代。彩虹般的色彩照亮了我们的 Instagram，创造了一个阳光斑驳的幻想世界，有甜蜜的粉色、明亮的蓝色和热带的绿色。戏剧性的色系折射出它们与政治的关联，美国国会议员身穿白色套装出席妇女参政运动的纪念活动，而在2021年1月的美国总统就职典礼上，却在严寒中穿了一身亮色的外套。典礼上，美国国家青年诗人奖得主阿曼达·戈尔曼（Amanda Gorman）身着淡黄色衣服发表了富有启发意义的演讲，新第一夫人吉尔·拜登（Jill Biden）当天穿着天蓝色的衣服，前第一夫人米歇尔·奥巴马（Michelle Obama）的外套、裤子和毛衣都是深紫色的。

明亮的颜色可以安抚我们的灵魂，我们从小就被告知服装颜色的重要性，以及它们所传达的含义，由此逐渐建构了我们对时尚颜色的认知。根据婴儿衣服的颜色，粉色还是蓝色，我们可以判断其性别；一旦看见有人穿着能见度很高的黄色荧光背心，我们便知道潜在危险迫在眉睫。甚至在收音机里听歌曲时，我们的情绪也能和演唱者所穿衣服的颜色产生联系。不管是欲望还是渴望，服饰都能反映——鲍比·文顿（Bobby Vinton）的《蓝色丝绒》（Blue Velvet）、穆迪·布鲁斯（The Moody Blues）乐队的《白色缎子的夜晚》（Nights in White Satin），普林斯（Prince）的《树莓贝雷帽》（Raspberry Beret），克里斯·德·伯格（Chris de Burgh）的《红衣女士》（Lady in Red），拉娜·德雷（Lana del Rey）的《蓝色牛仔裤》（Blue Jeans）。

长期以来，人们对颜色形成了固定的联想，红色代表鲜血和激情，蓝色代表宁静和海天无垠，绿色代表自然。颜色的象征性虽然具有继承性，但也会随着时间的推移而改变，其变化深受文化的影响。在维多利亚时代，寡妇会身披黑色的衣服，但在印度，寡妇则常常穿着白色的衣服；绿色在爱尔兰可能意味着好运，但在过去的中国（特别是元明时期）妓女的家人（男性）常常会被要求佩戴绿色的帽子或头巾。西方的新娘喜欢纯洁的白色，而信奉印度教的人们则认为新娘应该身穿红色，它是繁荣和生育的象征。

我们对服装穿着作出的种种假设，有的依据我们过往经验，有的则来自一些固有的偏见：一身粉色象征着轻浮，白色牛仔裤象征着财富和特权，橙色的连身裤或连衣裙则表示大胆、敢于背弃传统，如果喜欢黑色的衣服，喜欢浓妆艳抹，则具有一点哥特式忧郁。

时装设计师或品牌常常表现出对某些颜色的偏好：Coco Chanel的小黑裙、Valentino的红色、Hermès包装盒的橙色、Ralph Lauren和Max Mara的棕色和奶油色。在更广泛的流行文化中，颜色可以根据它们在电影、电视剧和音乐视频中的使用方式引发联想。有一些常见隐喻，深入人心，比如当我们看见一位穿着红色连衣裙的性感自信的女人，我们会目不转睛；当反派出现时，他们会穿着黑色衣服（或穿着白色以颠覆预期）；黄色着装则表示警告或预示即将到来的快乐和幸福时刻。

几个世纪以来，时尚的颜色变换更替，在不同的社会阶层中产生了新的含义。在古罗马，黄色为妇女专用，黑色用来服丧，而提尔紫色是皇帝和王族的专属，因为它是从一种海螺的腺体中提取的珍稀染料，造价昂贵。公元前1000年左右的基督教艺术品也设定了关于颜色的习俗，白色代表纯洁，红色代表基督的血，蓝色代表圣母玛利亚。

16世纪，在欧洲的宗教镇压浪潮中，黑色成为服装的主要颜色，因为它代表虔诚，但到了20世纪50年代，它却成为精明和反叛的象征。18世纪法国宫廷里的朝臣和贵族们穿的华丽法国式长袍多为淡柠檬色、桃色和矢车菊色。

与英国简·奥斯汀（Jane Austin）同时代的法国摄政时期（regency），客厅里的主宾统统穿着白色薄纱棉布长袍，体现了新古典主义时尚所追求的简约和平等主义。

几个世纪以来，人们对颜色的感知已经发生了变化。古埃及人定义了六种基本颜色——黑、白、红、绿、蓝、黄——每种颜色都被赋予了特别的意义，分别代表着生命、死亡、生育或胜利等强有力的概念。古希腊盲人作家荷马（Homer）曾把天空描绘成青铜色，大海是酒红色，羊群是紫罗兰色。当人们在19世纪研究他的作品时，发现他的描述似乎令人费解，以至于有人认为希腊人可能是色盲。在荷马之后几个世纪，古希腊哲学家恩培多克勒（Empedocles，公元前444-443）认为颜色有四类：白、黑、红、黄。

直到17世纪，红、黄、蓝才被归为原色，而绿、橙、紫被归为次色。在剑桥大学，英国数学家艾萨克·牛顿（Isaac

哥特式歌手，苏克西与女妖乐队（Siouxsie Sioux）的主唱，1980年

Newton）爵士用玻璃棱镜和隔板上的一个小洞进行了实验，观察到光分解成彩虹，反射在他黑暗的房间的墙上。他的发现揭示了白色是全光谱的融合，当这些颜色通过棱镜时，它们会形成折射角度弯曲。波长最短的紫色弯曲程度最大，红色波长最长，弯曲程度最小，绿色则处于中间位置。当牛顿在1672年首次发表他的发现时，他把橙色作为光谱中最新的颜色之一，去除了白色和黑色，并声称它们为非颜色。从那时起，艺术家和科学家们就展开了对黑白颜色的争论，但作为具有时尚价值的可感知色调，它们长期以来都是通过复杂的漂白和染色工艺来实现的。

人类给纺织品染色已有6000多年的历史，在古埃及的底比斯遗址有一些最古老的考古发现，包括大约公元前2500年的一件靛蓝色的衣服，以及在图坦卡蒙（Tutankhamun）的坟墓中发现了一条用茜草染色的红腰带。传统上，纺织染料要么来自植物，如红色来自茜草根，蓝色来自靛蓝和菘蓝，黄色来自黄花属植物或黄颜木；要么来自动物，其中包括骨螺海蜗牛，它的腺体能产生一种紫色染料，还有红蚧和胭脂虫，它们被碾碎后可制成一种鲜红色的染料。

最早的染色技术是将植物浸入水中，然后在溶液中浸泡织物，进行染色。人们发现以这种方法染色的织物很快就会褪色，他们需要找到一种物质将颜色固定在织物的纤维上。这些物质被称为媒染剂（mordants），如明矾、铁或铜的金属化合物，或富含单宁的树皮。这个词来源于拉丁语的

mordere，意思是"咬"或"固定"。

黄色和棕色染料可以从各种各样的植物单宁中提取，但要获得强烈的宝石色的红色、绿色和蓝色以及深黑色则需要经历一个更为复杂的过程。随着时间的推移，人们发展了制造碱性和酸性染料的技术，积累了调节不同色度和色调的技能和知识。随着12世纪欧洲纺织工业的发展，时装的颜色选择更为大胆、颜色变化更快，新出现的颜色受到贵族阶级的喜爱。为了规范行业的各个方面，确保质量标准的一致性，人们成立了行业协会。

在中世纪，有很多法律规定限制奢侈挥霍，因此人们衣着的颜色也受到限制，对不同阶层的人有不同的规定。1197年，"狮心王"理查一世规定，穷人只能穿最粗糙、最灰暗的衣服。后来，1483年的法案规定，只有王室成员才能穿紫色丝绸。这些法规确定了服装的等级制度，强化了一种即时的视觉陈述，随时提醒贫穷的人，不要僭越他们的卑贱地位——他们只能穿上单调的棕色和褪色的蓝色和绿色，不能像富有阶层的贵族那样，穿着鲜红的丝绸和金光闪闪的衣服。

华丽的珠宝、皮草和色彩艳丽的纺织品，对于都铎王朝来说，是一种有力的工具，彰显的是他们的统治地位，他们必须应对来自对手的篡位威胁，他们无时无刻不提防王位被觊觎。亨利八世和法国国王弗朗西斯一世的会面被称为"金布场"，因为两位国王穿着华丽奢侈的金布衣服，佩戴珠宝，竭力向对方展示自己的权力。

　　伊丽莎白一世公主肖像，画于1546年，她正值豆蔻年华，穿着一件时髦的深红色礼服，上面缀满了珍珠和宝石。后来，她当上王后，她看见宫中的公主、小姐、太太们也穿着红色的衣服，她觉得穿黑白衣服会更加引人注目。她的表姐，苏格兰女王玛丽也该穿黑色的衣服。

　　颜色也可用来标记对某些阶层的羞辱。红色代表妓女和刽子手，黄色代表伪造者、异教徒和犹太人，绿色代表乐师和小丑。这些颜色惯例的痕迹仍然存在，在世界各地的城市里，妓院都会点亮红色的灯盏，"二战"期间纳粹者强迫犹太人戴上黄色星星，让他们饱受痛苦。

　　1498年，瓦斯科·达·伽马（Vasco da Gama）发现了通往印度的海上航线，使印染工业得以进口大量的新染料，如巴西木、藏红花、姜黄和靛蓝，从而增加了服装颜色的范围，提高了织物染色的质量。18世纪，合成染料的发展取得了突破性进展，彻底改变了染料工业。1737年，法国政府任命一位著名的化学家作为染料厂的检查员，以支持化学研究。1789年，染料检查员克劳德·路易斯·贝尔托莱（Claude Louis Berthollet）发明了氯漂白剂。这项发明改进了当时用碱液和酪乳在阳光下漂白织物的传统方法。

　　19世纪，在工业革命的推动下，包括威廉·珀金（William Perkin）在内的许多化学家发现了新的合成染料，珀金发明的紫色染料（mauveine），引发了更多的发明，一波又一波新奇的、或许带有毒性的染料相继问世，包括1869年发明的一种人造茜草染料和1878年的靛蓝色染料。同年，还诞生了一组新的合成染料，被称为有机偶氮染料，这是我们今天仍在使用的基础染料。

时装工业在20世纪开始腾飞，新的合成染料被不断开发出来，织物上色的成本大幅降低。随着时尚的普及，*Vogue* 杂志、后来的 *Elle* 杂志和 *Marie Claire* 杂志都概述了最新的时尚，消费者可以很容易地发现最新的颜色趋势——无论是黑色，还是任何被标榜为"新黑色"的颜色。紫色、棕色和橙色都曾一度被誉为下一个流行色。

这本书旨在探索黑、紫、蓝、绿、黄、橙、粉、红、棕、白这10种颜色背后的象征意义，以及它们在服饰着装中的意义，从古埃及到中世纪，从文艺复兴到维多利亚时代，以及在20世纪的流行文化中的意义。颜色和它们的染料有着迷人但令人不安的历史：它们推动了世界各地的贸易，资助了帝国的扩张，以牺牲他人健康为代价赚取了巨大的财富。颜色被证明是世界上最珍贵的商品之一。这是我们要讲述的故事。

Black  黑色

黎明时分，纽约空旷的第五大道上，一辆出租车停在了Tiffany门外。一个女人走了出来，穿着长长的黑色晚礼服，戴着墨镜，脖子上挂着一条大大的珍珠项链。她在Tiffany的橱窗前停了下来，从纸袋里拿出一杯咖啡和一块丹麦糕点，若有所思地看了一眼陈列其中的珠宝。此时正值早晨高峰时段，店铺工作人员还没有到来，很明显，这个名叫霍莉·戈莱特利（Holly Golightly）的女人，穿着优雅的黑色衣服，整晚都滞留外面。这是电影《蒂凡尼的早餐》中的一个场景，这款由休伯特·德·纪梵希（Hubert de Givenchy）设计的小黑裙，成为奥黛丽·赫本（Audrey Hepburn）衣橱里的必需品，墨黑的颜色已经成为定义复杂和时髦的享受主义的标志。当我们看到黑色礼服时，另一个颓丧的形象可能会浮现在我们的脑海中:《甜蜜的生活》中的安妮塔·艾克伯格（Anita Ekberg），在罗马夜总会度过了一个晚上，她在许愿池中跳舞，她身上穿着紧身无肩带礼服，礼服摇摇欲坠，随时可能滑落。

1 Normcore是由normal和hardcore两个词组合而成，Normcore指的是一种态度，而不是一种特定的着装规范。它的本意是"在没有什么特殊的地方找到自由"。Normcore的穿着者是那些不希望通过衣服来将自己与其他人区分开的人，但是这并不代表他们不够时尚，而是他们有意识地去选择实用并且普通的衣服。——译者注

作为时尚界最具力量感的色调之一，黑色是一张能适应新的诠释和意义的画布。20世纪50年代，在格林尼治村（Greenwich Village）一家烟雾缭绕的地下室酒吧里，身穿黑色高圆领衫的"垮掉的一代"，被认为是极端的波希米亚风格的代表，但到了90年代，黑色却它成了"normcore"**1**的标配：从GAP购买的衣橱必备款，以及与之搭配的高腰牛仔裤，都是黑色。

黑色是永恒的时尚，除此之外，在参加悼念时，还可以代表悲伤和失落，同时还是一种政治工具，无论是正义方或反动方，都会使用黑色作为象征——黑色曾经作为法西斯威胁的象征：那些民权运动的鼓吹者，身穿墨索里尼（Mussolini）的黑衬衫，戴黑豹贝雷帽。1966年，鲍比·希尔（Bobby Seale）和休伊·牛顿（Huey Newton）在创建黑豹党（Black Panther Party）时，选择了一种城市武装"制服"，即黑色贝雷帽、黑色皮夹克和男女通用的墨镜，用希尔的话来说，是为了刷新人们的"视觉效果"，以"激发人们的想象力"。贝雷帽不仅让人想起切·格瓦拉（Che Guevara）这样的革命者，也让人们无法忘记那些奔赴越南战场的黑人，他们戴着同样的贝雷帽，但没有获得公民的全部权利。黑色衣服进一步强化了黑豹党的理念，彰显出非裔美国人的力量和骄傲。

黑色承载着丰富的意义，同时也象征着虚无——因此具有更为强大的表现力。朋克教父马尔科姆·麦克拉伦

（Malcolm McLaren）曾经说过："黑色表达了对虚饰的谴责。虚无主义、无聊、空虚。"同样，20世纪80年代的日本设计师，如三宅一生（Issey Miyake）、山本耀司（Yohji Ya-mamoto）和川久保玲（Rei Kawakubo）的Comme des Garçons都选择了黑色，回应了那个年代过度花哨的流行趋势。正如山本耀司在2000年9月对《纽约时报》的苏西·门克斯（Suzy Menkes）所说："黑色既谦虚又傲慢；既慵懒又轻松——充满了神秘。这意味着它能与很多东西搭配在一起，糅合在各种面料里，展现出不同的功能。黑色可以勾勒出时尚的轮廓，黑色可以吞噬光亮，突显表达的对象。但最重要的是，黑色说：'我不打扰你——请别打扰我！'"

黑色作为一种颜色

几个世纪以来，科学家和艺术家们一直在热烈争论，黑色是否是一种颜色。当一个物体吞噬了所有可见波长，吸收了光谱中的所有光线时，我们就会看到黑色。因此，真正的黑色是没有颜色的。

1665年，艾萨克·牛顿发现了光谱，他在呈现一种新的颜色顺序时，排除了黑白二色。直到20世纪的现代主义艺术家才让黑色回归颜色大家庭，赋予了其颜色的地位。1946年，位于巴黎左岸的梅格画廊（Galerie Maeght）举办了一场展览，命名"黑色是一种颜色"，以此来震惊当时的艺术界。长期以来艺术界盛行列奥纳多·达·芬奇

（Leonardo da Vinci）的主张："黑色不是一种颜色。"在
捕捉风景时，印象派画家更是远离黑色。正如保罗·高更
（Paul Gauguin）所说："画中应该拒绝黑色和黑白相混的灰
色。"也有个别例外的艺术家，如皮埃尔-奥古斯特·雷诺阿
（Pierre-Auguste Renoir），黑色对他的影响很明显，在他
的绘画中，黑色常用来绘制巴黎妇女的深色长袍阴影。

虽然黑色的光学地位可能存在争议，但不可否认，黑色
颜料是最古老的颜料之一。在旧石器时代晚期，黑色颜料的
制作需用火将木头、树皮或贝壳烧成灰烬。古埃及人还使用
炭和土壤中的氧化锰来绘制象形文字。埃及人却在眼睛周
围涂上黑色的眼影，因为人们相信黑色有驱除邪恶的魔力。
穷人只能使用煤烟做眼影，但富裕的埃及人可享受昂贵方
铅矿眼影，这是一种含硫化铅的矿物，具有防止眼睛感染的
功能。

油烟是一种从煤烟中提取的纯碳制成的黑色颜料，在史
前时期和整个古代世界都很常见，埃及人用它来涂刷墓室的
墙壁，古希腊人用它来制作黑色图案的陶器，但用它来染色
纺织品却是非常困难的。它做的染料，效果并不理想，染色
不均匀或单调，所以，直到中世纪，黑色染布只限于农民阶
级使用。1346年，黑死病开始席卷欧洲，三分之一的人口
因此丧生。由于死亡如此普遍，作为对苦难恐惧的回应，这
一时期的艺术大量描绘了可怕的骷髅和食尸鬼。黑色通常是
葬礼队伍中参与送葬仪式的人所穿的衣服的颜色，但它也被

赋予了道德的象征意义。穿着简陋的衣服是为了向上帝祈求赎罪，因为瘟疫被认为是对错误行为的惩罚。在中世纪早期，基督教已经形成了严格的道德准则，那些穿着过分华丽的人被认为是有罪的，而那些选择朴素的黑色衣服的人则是正义的。

黑色逐渐在欧洲的商人阶层中变得流行起来。随着中世纪的反奢侈法的颁行，某些颜色，如紫色和红色，以及某些织物，如丝绸和金布，都成为皇室和贵族的专属。成功的意大利商人虽然有钱买最好的布料，但也受到了限制，不能穿威尼斯红色的衣服，只能选择黑色。黑色是一种不受限制的，最为端庄的颜色，因此商人们期望从采购商那里获取最明显、最强烈的黑色布料，以满足他们在着装上的一种奢华感，展示他们迅速增长的社会地位，同时也保持自身的高尚品质。高质量的黑布被称为"黑貂布"（"sobelins"或"sabelins"），以黑貂皮命名，黑貂皮是一种非常珍贵的黑色毛皮。

15世纪意大利肖像画中，猩红的丝绸是一个令人骄傲的颜色，但到了16世纪，黑色成为文艺复兴时期人们的首选颜色，因为它是财富和良好品位的标志。意大利侍臣兼作家巴尔达萨雷·卡斯提利奥内（Baldassare Castiglione）说："黑色比其他颜色的衣服更讨人喜欢。"正如宝拉·霍赫蒂·埃里克森（Paula Hohti Erichsen）在她对文艺复兴时期着装研究中所指出的那样，1550年至1650年间，威尼

斯、佛罗伦萨和锡耶纳名人身后的衣物类财产清单中，所有
按颜色标注的工匠服装中，超过40%被描述为黑色。

黑色逐渐进入欧洲的贵族阶层和宫廷，成为声望的象
征。西班牙国王菲利普二世非常喜欢黑色，象征着他对天主
教的捍卫和对奥斯曼帝国的反对。在他的统治下，西班牙成
为世界上最强大的国家，而他对简单、朴素、黑色的偏好也
传遍了整个欧洲，进入了英国都铎王朝的宫廷。

亨利八世的第一任妻子阿拉贡的凯瑟琳（Catherine of
Aragon），拥有西班牙血统，她喜欢穿深色天鹅绒和丝绸做
的西班牙裙撑（Spanish farthingales），这种裙子里面是一
件环形鱼骨衬裙，以扩大裙子廓形，她还喜欢在头上佩戴黑
色三角形头巾，以体现她的虔诚。玛丽一世在她父亲的过度
统治之下，习惯穿着朴素的黑色服饰，并在1554年与西班
牙的菲利普二世结婚之后，延续了这一西班牙传统，正如她
试图恢复天主教的地位一样。在卢卡斯·德·赫里（Lucas
de Heere）为这对夫妇画的一幅肖像中，玛丽坐在宝座上，
身穿黑色长袍，外罩一条金色围裙，或外穿的衬裙，而丈夫
菲利普则穿着黑色上衣和金色马裤站在她身旁。他们的服装
既华丽又虔诚，反映了穿着黑色服饰的宗教象征意义。

从清教到巫术

17世纪的欧洲是一个充满战争、苦难和宗教冲突的
时期。从1640年到1649年，英国处于奥利弗·克伦威尔

（Oliver Cromwell）的独裁统治之下，他阴郁的清教主义影响了人们生活的方方面面。在当时，黑色仍然是一种时髦的颜色，正如1653年克伦威尔的妻子伊丽莎白·布尔切尔（Elizabeth Bourchier）的肖像所展示的那样，她身穿昂贵的染色黑天鹅绒华服，人们希望穿黑色来显示技艺精湛和节制。路德教改革家菲利普·梅兰顿（Philip Melanchthon）在1537年的一次布道中说，"应该杜绝人们穿得像孔雀一样"，花枝招展、华而不实的衣服会让人堕落。

清教徒和加尔文主义者的服装——女性穿深色长袍，男性穿简单的紧身上衣和长裤，白色的衣领和高高的黑帽子——那些逃离英国迫害的清教徒把这种穿着风格带到美国。17世纪，新英格兰的清教徒殖民地对着装要求特别严格，制定了防止奢侈的法律，以确保衣着得体。马萨诸塞湾殖民地于1634年也开始对服装实施限制，禁止新款时装、精致的配饰或用金线或蕾丝编织的布料，限制普通人的衣橱中的衣物，它们必须朴素、深色和单调。

由于受到当时宗教原教旨主义的进一步压迫，在欧洲和美洲殖民地，妇女对巫术的痴迷与日俱增。对女巫的信仰，随着15世纪的印刷术的革命，得以迅速撒播——白纸上印刷着黑色的符咒和刻痕线条，描绘了怪异的女人的身体在"安息日"时掀起风暴，拥抱魔鬼的传说。故事发生在黑夜，身处森林或废墟之中，女人们脱去黑色的衣服，坠入集体狂欢，召唤魔鬼和他的黑色生物，如蝙蝠、乌鸦和黑猫。不难看出，在当时黑色是邪恶的颜色。

人类一直害怕黑暗，特别是在漆黑的夜晚，天空没有月亮，一切都笼罩在阴影中。这是一个充满恐惧的地方，危险的生物潜伏在那里，这些邪恶力量躲藏在那无法穿透的黑暗里。

在古代神话里，黑暗的恐怖也与黑色有关。希腊神话中的夜之女神尼克斯（Nyx）身穿黑衣，坐在由四匹黑马拉着的战车上。尼克斯给我们的想象带来关于夜晚的恐怖——睡眠、梦境、痛苦、秘密、不和、痛苦、老年、不幸和死亡——她黑暗的外表如此可怕，甚至吓到了万能的宙斯。公元950年左右，在拜占庭时代的《巴黎诗篇》（*Paris Psalter*）手稿中，有插图绘了尼克斯的形象，她穿着黑色长袍，手里拿着蓝色布料。

1606年莎士比亚创作《麦克白》（*Macbeth*）时，他揭示了人们对巫术的痴迷和歇斯底里，以及国王詹姆斯六世对女巫根深蒂固的恐惧。1604年，在詹姆斯的统治下，女巫被定为死罪，不列颠群岛上成千上万的妇女受到审判，折磨，甚至被活活烧死。莎士比亚知道他的观众会对剧中的三个女巫"怪姐妹"的故事感到恐惧和着迷，她们与古代神话中的命运女神有相似之处。她们用白色的毛线掌控着人类的命运，却用黑色的毛线编织着短暂的悲惨人生。在18世纪哥特复兴时期，像弗朗西斯科·戈雅（Francisco Goya）这样的艺术家，在他们的绘画中，裹着黑衣的女巫

*2.《X夫人肖像》（*Portrait of Mademe X*），约翰·辛格·萨金特（John Singer Sargent）（1883—1884）

奥黛丽·赫
本身穿
Givenchy
黑色礼服，
《蒂凡尼
的早餐》

成了标准形象。

1764年，第一部哥特式小说《奥特朗托城堡》（*The Castle of Otranto*）出版，在那些自认为是局外人当中，掀起了一股穿黑色服装的暗流，令人恐怖。浪漫主义诗人——包括拜伦勋爵（Lord Byron）、珀西·雪莱（Percy Shelley）和约翰·济慈（John Keats）——被认为是19世纪早期的哥特人或垮掉派的代表。在他们的肖像中，都穿着忧郁的黑色衣服，身体常常倾斜，头靠在手上，仿佛被自我的存在折磨着，他们似乎预感到自己会英年早逝。在卡斯帕·大卫·弗里德里希（Caspar David Friedrich）的《雾海之上的流浪者》（*Wanderer Above the Sea of Fog*，1818）中，黑衣人是一个孤独的浪漫主义英雄。面对着这片壮丽的风景，他投以后代垮掉派诗人所有的姿态，成为130年后垮掉派诗人的楷模。

1815年，拜伦、雪莱、玛丽·沃斯顿克拉芙特·雪莱（Mary Wollstonecraft Shelley）和约翰·波利多里（John Polidori）在勃朗峰附近参加了一个鬼故事比赛，结果获胜的是玛丽·雪莱的《弗兰肯斯坦》（*Frankenstein*，第一部现代恐怖故事）和波利多里根据拜伦的故事创作的《吸血鬼》（*The Vampyre*）。吸血鬼的角色罗思文勋爵，是一个迷人的、危险的诱惑者，经常穿着像浪漫主义诗人一样的黑色外套，他是布拉姆·斯托克（Bram Stoker）创作的《德拉库拉》（*Dracula*，1897）的原型。斯托克在描述颓废的德拉库拉时，围绕着拜伦的形象，"从头到脚都穿着黑色，身上没有一点颜色"。

维多利亚时代的丧事祭仪

1765年，神圣罗马帝国的弗朗西斯一世突然中风去世，神圣罗马帝国的皇后玛丽亚·特蕾莎（Maria Theresa），母亲玛丽·安托瓦内特（Marie Antoinette），陷入了极度的悲痛之中。这位哈布斯堡王朝的统治者剪掉了她的长发，用黑色天鹅绒覆盖了她的公寓，远离社交活动，在她的余生中选择只穿黑色，塑造了一个悲伤的寡妇形象。

穿黑色衣服纪念死去的爱人或去世的统治者，这个习俗可以追溯到古希腊和古罗马时期，他们认为黑色是死亡的颜色。但在欧洲，黑色并不总是皇室成员的丧服颜色。在中世纪，丧偶的法国王后身着白色丧服，或称"deuil blanc"（治丧白）。布列塔尼（Brittany）的安妮（Anne）（先是查理八世的妻子，后来是路易十二的妻子）选择遵循布列塔尼的传统，改穿黑色而不是白色的丧服，由此这一传统开始流行。1559年无情的凯瑟琳·德·美第奇（Catherine de' Medici）的丈夫亨利二世去世，她身穿一身黑色，因此而闻名。穿黑色丧服的时尚从此传播到了其他阶层，他们希望效仿精英阶层，通过穿着表达悲痛。直到路易十六和玛丽·安托瓦内特统治时期，白色一直是法国皇室的丧服颜色。但对于那些不太富裕的人来说，黑色是一种更容易获得、更便宜且不太需要维护的颜色。

到19世纪30年代末，正式的黑色葬礼服装在中上层阶级中已经很流行了，但在维多利亚女王统治时期，在她的丈夫阿尔伯特王子于1861年去世后，丧事祭仪越加隆重。复杂而不断变化的规则被编写在各种礼仪手册中。这些规则涉及整个家庭，包括仆人，但寡妇必须严格遵守相关社会规则。按照规定，妇女在丈夫去世后仍要服丧若干年，然后经过不同的阶段到"半服丧"阶段，这时她们可以在黑色礼服上佩戴白色的装饰，或者穿紫色或灰色的衣服。许多年长的女性，比如维多利亚女王，选择拒绝所有颜色，在她们的余生中只穿黑色。

随着公众对这种祭仪穿戴风格越来越感兴趣，丧服本身就成为了一种时尚。1855年的一本美国礼仪书——罗伯特·德瓦尔库特（Robert DeValcourt）编写的《礼仪画册》（*The Illustrated Manners Book*）出版，书中写道："黑色正在成为时尚，年轻的寡妇，美丽、丰满、微笑，黑色面纱下煽情的眼睛闪闪发光，非常诱人。"许多富有的女性选择奢华的丝绸和天鹅绒，并添加了低领、亮片和露肩袖等。由于一个穿着时髦礼服的引人注目的寡妇不可避免地会吸引爱慕者，人们讽刺地指出，这个陷阱被"重新添加了饵料"。

在历经第一次世界大战的死亡和毁灭之后，当各国处理集体悲痛时，人们认为穿黑色的丧服最为凝重。同时，穿黑色晚礼服也成了时尚和世故的代名词。在20世纪，身穿黑色礼服的寡妇最引人注目的时刻是1963年约翰·F.肯尼迪（John F. Kennedy）的葬礼上，杰奎琳·肯尼迪（Jackie Kennedy）痛苦的表情和眼泪藏匿在厚重的黑色面纱后面，几乎看不见。她穿着Givenchy套装，简单的黑色，优雅的寡妇服装传达了她内心的痛苦。

蛇蝎美人

虽然黑衣女性的主要形象是寡妇，但在维多利亚时代，黑色也成为晚礼服的时尚色。在约翰·辛格·萨金特为皮埃尔·高特勒夫人（Madame Pierre Gautreau）所作的画像中，她身穿露出乳沟的黑色缎面连衣裙，配上纤细的珠宝肩带。1884年，这幅画在巴黎沙龙上展出时招来众怒，后来为了保护她的身份，这幅画被改名为"X夫人"。她自信的姿势，表明她完全掌控着自己的性欲，标志着她对女性在社会中的传统地位的挑战。通过对蛇蝎美人的描绘，黑色连衣裙的感官力量让我们看到，着装选择黑色的女人必定堕落。

在《安娜·卡列尼娜》中，安娜穿着黑衣参加了圣彼得堡的舞会。虽然天真的凯蒂一开始对安娜的礼服选择感到惊讶，但她意识到，对拥有美貌和自信强大的安娜来说，黑色是她唯一可以穿戴的颜色。列夫·托尔斯泰（Leo Tolstoy）这样描述：

> **凯蒂每天都见到安娜并爱慕她，想象中，她总是穿着淡紫丁香色的衣服。但眼前的安娜**

却穿着黑色的衣服，凯蒂觉得这完全不能展现出她的魅力。眼前的安娜是一个完全陌生的、令人惊奇的女人。现在凯蒂似乎明白，安娜不可能穿紫丁香色的衣服，她的魅力总是超越服装的粉饰，她的衣服穿在身上永远不会引人注目。这件带有华丽花边的黑色衣服，穿在她身上便黯然失色；任何服装都只是一个画框，而凯蒂所能看到的仅是安娜的魅力——单纯、自然、优雅，同时又快活、热切。

在舞会上的这一刻，她穿着黑色连衣裙和渥伦斯基伯爵跳舞，这是安娜最快乐的时刻，她赢得了人们的关注和崇拜。但面对她与渥伦斯基注定的婚外情，她离婚了，与孩子分离了，导致她被标记为一个淫妇，陷入深深的悲伤和绝望。

黑色和安娜所代表的道德败坏的女人之间的联系在银幕上也很明显。自好莱坞电影工业诞生以来，黑色服装就被用来表示一些很坏的角色。在《原罪》（*Sin*，1915）中，吸血鬼穿着黑色衣服，成为了一个角色的象征，她留着长长的黑发和穿着黑色无肩带连衣裙。在第二次世界大战结束后出现的黑色电影类型中，身穿黑缎子的蛇蝎美人是堕落的天使，是男人们心中的普遍疑虑，当他们结束战争回到家中，担心妻子或女友变心了，她们可以独立工作和生活了。在《杀手》（*The Killers*，1946）中，艾娃·加德纳（Ava Gardner）扮演凯蒂·柯林斯，穿着维拉·韦斯特（Vera West）设计的黑色缎面礼服，像豹子一样闯进银幕。她如此美丽，如此强大，以至于男人会为她欺骗、偷窃和杀戮。

同样是在1946年，丽塔·海华斯（Rita Hayworth）主演了《吉尔达》（*Gilda*），她表演了她最著名的音乐片段，一段脱衣舞《把责任都推给梅梅》（*Put the Blame on Mame*），她身着由让·路易斯（Jean Louis）设计的黑色无肩带缎面连衣裙，其灵感来自X夫人。"从来没有一个女人像吉尔达"，这是海报上的小标题，海报上的丽塔，头向后倾斜，红色的头发垂在她的肩膀上。黑裙子，暗示她是一个道德上令人厌恶的女人，她欺骗了她的丈夫——但她却用坏女孩的服装来掩饰自己真实善良的意图。"我为吉尔达设计的裙子比当时电影中的设计更加大胆和性感，但这样的设计在丽塔身上并不低俗"，让·路易斯说。

在阿尔弗雷德·希区柯克（Alfred Hitchcock）导演的电影《惊魂记》（*Psycho*，1960）中，珍妮特·李（Janet Leigh）饰演玛丽昂·克兰，玛丽昂从她工作的银行偷走了钱，然后，把白色内衣换成了黑色内衣。在19世纪，人们为了纯洁，常常穿着白色内衣，穿黑色被认为是罪恶的。玛丽昂的黑色胸罩和背带裤不仅标志着她的反常，而且成为她犯罪的标志，这最终导致她在贝茨汽车旅馆淋浴时遭到可怕的谋杀。

从1994年琳达·菲奥伦蒂诺（Linda Fiorentino）出演
的《最后的诱惑》（*The Last Seduction*），到2000年意
大利明星莫妮卡·贝鲁奇（Monica Bellucci）出演的《疑云
密布》（Under Suspicion），黑色一直是电影中有道德争议
的美女的首选颜色。在另一部电影中，莫妮卡·贝鲁奇扮演
了一位偷窥者，她穿着黑色的Dolce & Gabbana紧身套装，
没有穿内裤。乌玛·瑟曼（Uma Thurman）在《低俗小说》
（*Pulp Fiction*，1994）中饰演米娅·华莱士，她穿着黑色夹
克和烟熏裤，配上光滑的黑色波波头和Chanel Rouge Noir
指甲油——她的女性化版本是塞缪尔·L. 杰克逊（Samuel
L Jackson）和约翰·特拉沃尔塔（John Travolta）穿的黑
帮套装。

在《黑天鹅》（*Black Swan*，2010）中，象征邪恶妖孽
的黑色发挥了巨大的作用。由艾米·韦斯科特（Amy West-
cott）设计的服装反映了尼娜的转变，当她身着粉色和白色
芭蕾舞服时，代表她尚未成熟的情感，随着她的思想变得扭
曲，逐渐融入黑色和灰色。《天鹅湖》（*Swan Lake*）中黑天
鹅所穿的黑色羽毛和薄纱是妮娜旅程的最后巅峰，她完全拥
抱了自己的黑暗面。

小黑裙
1926年，可可·香奈儿（Coco Chanel）将小黑裙推向
了全世界，当时她设计的黑色绉绸紧身连衣裙，上面配上一

串闪闪发光的珍珠，被*Vogue*誉为创新版的福特汽车。该时尚杂志预测它将成为日常必需品，并将其描述为"小"，因为它很低调。

可可·香奈儿对纯黑色的灵感来自她在奥巴辛修道院度过的童年时光。对她来说，黑色代表着艰苦生活的回忆，代表着修女的品行，黑色服装可以作为女学生的制服，散发着修道院黑暗的幽静。香奈儿还谈到，1920年她在巴黎的一个舞会上目睹了保罗·波烈（Paul Poiret）华丽的、嵌着宝石的礼服，此时此刻，她心中闪现了制作女性黑色衣服的灵感。她说，"黑色会让周围的一切黯然失色"。虽然香奈儿经常被誉为小黑裙（LBD）的创造者，但"小黑裙"的概念要追溯到1902年，在亨利·詹姆斯（Henry James）的小说《鸽子的翅膀》（*The Wings of the Dove*）中就有所描述："她本可以在今晚穿着小黑裙……那件被蜜莉摒弃的裙衫。"尽管香奈儿对他的彩色礼服嗤之以鼻，但保罗·波烈在1910年代也开始关注黑色，其他设计师也纷纷效仿。

1914年战争爆发后，越来越多的女性不得不外出工作，深色衣服更加实用。1920年，因开创性的放射性研究而闻名的玛丽·居里在给朋友的信中说："除了我每天穿的那件衣服，我没有别的衣服了。如果您存心送我一件，就请给我一件实用的、深色的，这样我就可以穿着它直接去实验室了。"

1927年，好莱坞著名服装设计师特拉维斯·班顿（Travis Banton）为大热电影《It》的演员克拉拉·鲍（Clara Bow）设计了小黑裙，由此将小黑裙引入了银幕。女店员贝蒂·卢在丽兹酒店苦苦寻找约会时穿的衣服，但她的室友帮她把简单的黑色工作装改成了一件大胆的酒会礼服。这部电影和克拉拉·鲍的黑色连衣裙，立即吸引人们成群结队去电影院看她们最喜欢的明星出现在银幕上扮演职业女孩。到了20世纪20年代末，随着特艺（Technicolor）彩色胶片电影越来越受欢迎，电影制作人越来越依赖黑色礼服来衬托单色胶片电影，这显然直接地助力了小黑裙的流行。

20世纪50年代，黑色已经被每一位顶级时装设计师奉为优雅的标准。1946年12月，克里斯汀·迪奥（Christian Dior）推出了激进的"新面貌"（New Look）系列，黑色连衣裙在腰部收窄，用大片的布料来庆祝战时紧缩状况的结束。"你可以在任何时候穿黑色，"迪奥说，"你可以在任何年龄穿黑色衣服。它几乎可以适合任何场合。小黑裙对女人来说是必不可少的。"

1952年，25岁的休伯特·德·纪梵希还是时装设计界的神童，他刚刚在巴黎开了自己的工作室。当一个名叫奥黛丽·赫本的名不见经传的女演员来到他的沙龙，纪梵希同意帮她挑选一些服装，以满足她的下一部电影《龙凤配》（Sabrina）的需求，这部电影讲述一位少女的"巴黎变形记"。他设计了一件带领口的小黑裙，这部电影的服装设计师伊迪丝·海德（Edith Head）将它改编成了电影服装。

纪梵希的"龙凤配"连衣裙开启了新的潮流，并巩固了他与赫本的亲密关系，此后，他为赫本设计了一系列黑色连衣裙，在《蒂凡尼的早餐》（1961）中赫本饰演轻浮的交际花霍莉·戈莱特丽。这些服装很接近杜鲁门·卡波特（Truman Capote）原著中的描述，在原著中，霍莉晚上穿一件黑裙子，白天穿另一件，并设想他的主人公穿着"修身酷炫的黑裙子，黑色凉鞋，珍珠项链……一副墨镜遮住了她的眼睛"。虽然霍莉·戈莱特丽是赫本最喜爱的角色之一，但实际上在卡波特眼里，这个角色只适合玛丽莲·梦露（Marilyn Monroe）。

身着黑衣的玛丽莲·梦露

1956年2月9日，在一场新闻发布会上，150名摄影师和记者蜂拥而至广场酒店。1954年11月下旬，玛丽莲·梦露在逃离好莱坞——放弃她与20世纪福克斯公司的合同——一年后首次亮相。她在纽约的一年是自我发现的一年，她成立了自己的制片公司，并在纽约的演员工作室学习表演。她还改变了自己的明星衣橱，选择了诺曼·诺雷尔（Norman Norell）的简单黑色吊带裙、黑色羊毛大衣和polo衫，都是为了适应她向往的不那么华丽的曼哈顿生活方式。紧致的黑色背心和亚光外套与她乳白色的皮肤和明亮的金发形成了鲜明的对比，她的外表显得很酷炫，很优雅，与穿着的小一号衣服更是相得益彰。

　　广场酒店会议的召开，宣告梦露已经掌控了自己的事业，将主演并制作《游龙戏凤》（*The Prince and the Showgirl*），并由伟大而受人尊敬的劳伦斯·奥利弗（Laurence Olivier）执导。她穿着一件贴身的黑色礼服入场，但其中一根细带子断了，面对拥挤的摄影师，在闪光灯下她只能用手遮掩着它，直到她找到一颗安全别针来固定它。这一次服装事故，上了头条，为此，奥利弗感到惊讶，他认为这是一种吸引眼球的滑稽行为，很快就明白他们的项目将变成一场马戏表演。

　　1962年6月底，*Vogue* 为梦露安排了与摄影师伯特·斯特恩（Bert Stern）的合作，这就是后来被盛传的"最后一坐"。1962年8月4日梦露去世，*Vogue* 杂志没有在发

1959年，纽约格林威治村煤气灯咖啡馆外的垮掉派

*1

*1. 1955年3月，玛丽莲·梦露在纽约大使酒店

*2. 1992年吸血鬼协会的成员在惠特比度过哥特式周末

*3. 在为庆祝Luisa Via Roma成立90周年而举办的CR Runway时装秀上，名模穿着Rick Owens服装

*3

布死讯后撤下这组照片特稿，而是将它们作为梦露的遗作登载。Dior的长袖连衣裙，后面斜裁风格，将她塑造成一个身穿单黑色服饰的、真实的、光彩照人的女人。

反叛的黑色

当约翰尼·卡什（Johnny Cash）在1971年发布他的单曲《黑衣人》（*The Man in Black*）时，在歌词中谈到了他选择穿黑色而不是亮色的原因。他唱到，这是为穷人和被压迫的人、绝望和饥饿的人、病人和老人准备的，他为在越南战争中每周死去的"一百名优秀青年"哀悼。

约翰尼·卡什从演员生涯的早期就开始设计黑色的舞台服装，这巩固了他作为一个叛逆者和局外人的地位。正如马龙·白兰度（Marlon Brando）在1953年的电影《飞车党》（*The Wild One*）中所描绘的那样，摇滚乐手和摩托车手，身着黑色皮衣，彰显着危险的逾越。对于约翰尼·卡什来说，黑色皮衣是他的态度和勇气的最好诠释。

1968年，卡什在福尔松监狱进行传奇表演时，选择了一套黑色三件套西装和漆皮平底鞋，夹克上有一件红色的衬里。他的造型与西部片中的枪手相似，体现了与"垮掉的一代"相同的精神气质。垮掉的一代是一群年轻的战后理想主义者，他们拒绝消费主义，追求波希米亚式的生活，通过写作、爵士乐和东方哲学来表达自己。

作家杰克·凯鲁亚克（Jack Kerouac）和艾伦·金斯

伯格（Allen Ginsberg）是垮掉派的代表。任何人想要成为他们中的一员，就必须表现出一定程度的淡然，同时具有智力上的优越感，以及对消费主义的漠然。1952年11月，在《纽约时报》的一篇文章中，克莱伦·霍姆斯（Clellon Holmes）对战后垮掉的一代做了描述，他们感受到了"一种思想的赤裸，最终是灵魂的赤裸，一种被降至意识基础的感觉"。

当主流穿着过分的"新面貌"时装和学院风的颜色时，垮掉的一代的衣服，却追求廓形简单，喜爱虚无主义的黑色。在纽约的格林尼治村，垮掉一代的女孩们拒绝了20世纪50年代的美容院美学，而是喜欢黑色紧身衣和长长的直发，这种冷酷的打扮参照了巴黎存在主义者格莱克（Gré-co）的形象。格莱克以她的全黑服装而闻名，她说，战后，她还是个十多岁的少年，生活在巴黎，"家里只有一件衣服和一双鞋，所以我只能穿家里其他男孩子不穿了的旧衣服和裤子，都是黑色的。黑色是一种由苦难孕育出来的时尚"。

在地下咖啡馆里，黑色的polo衫、吸烟裤和墨镜无处不在，垮掉的一代成了自我模仿的对象，这种形象在电影《垮掉的一代》(*The Beat Generation*, 1959) 和《罪人》(*The Beatniks*, 1960) 中被描绘出来。在《甜姐儿》(*Funny Face*, 1956) 中，奥黛丽·赫本来到烟雾缭绕的巴黎垮掉派酒吧，她身穿黑衣表演舞蹈，她的服装和动作嘲弄了巴黎左岸的存在主义者和格林尼治村的垮掉派。

哥特青年文化

哥特亚文化最初出现在20世纪70年代末，灵感来自19世纪一些寡妇的照片，她们穿着黑色衣服，令人难忘。追崇哥特文化的青年，完全接受了与眼线相配的黑色衣服带来的恐怖。黑暗和病态自然地吸引了青年，哥特时尚既叛逆又怀旧——痴迷于戏剧，放大了过去的版本。它使用了19世纪哥特文学、吸血鬼小说以及中世纪和维多利亚时代的语言，在死亡中绽放出美的形式，并从宗教仪式和哀悼中深化了黑色的象征意义。

苏克西是最初的哥特女孩，后来成为苏克西与女妖乐队组合的领唱，她常去国王路的一家名为"性"（SEX）的朋克店，这家店是维维安·韦斯特伍德（Vivienne Westwood）和马尔科姆·麦克拉伦经营的。它销售了一系列黑色恋物服，迎合了朋克摇滚对嬉皮运动迷幻的陶醉。许多新潮名人，如黛比·哈里（Debbie Harry），都酷爱穿皮革做的黑色连衣裙，或者被撕开、用别针别住的黑色连衣裙。苏克西女妖和她的追随者们走得更远，她们的头发向后梳，把脸涂成白色，用墨黑勾勒眼部轮廓，穿着黑色渔网、皮质迷你裙和黑色及膝长靴。

1982年，蝙蝠洞俱乐部（The Batcave club）在伦敦开张，它的座右铭是"亵渎、好色和鲜血"，很快就吸引了一群穿着夸张黑色衣服的哥特迷。哥特风格是对历史的刻意

模仿，维多利亚时代的紧身胸衣，丧服面纱与黑色聚氯乙烯
（PVC）杂糅在一起，皮革上拼接蕾丝，头发乱糟糟的，就
像深夜里从坟墓爬出的幽灵。

维多利亚时代的服装和戏剧化的妆容是青春的表述，相
对来说，并不代表时尚的主流，除了罗伯特·史密斯（Rob-
ert Smith）的《治愈》（The Cure）之外。雪儿（Cher）
在1986年登上奥斯卡金像奖的领奖台，她穿着鲍勃·麦
基（Bob Mackie）的蜘蛛网连衣裙，表现了对哥特风格的
拥抱。电影导演蒂姆·波顿（Tim Burton）在他的哥特式
童话电影中讲述了一个个忧郁的故事，比如《剪刀手爱德
华》（Edward Scissorhands，1990）中的约翰尼·德普
（Johnny Depp）和《阴间大法师》（Beetlejuice，1986）中
的薇诺娜·赖德（Winona Ryder）。在这个色彩缤纷的世界
里，他们都穿着黑色的服装，被视为局外人。他们的角色表
现出比其他人明显的脆弱性和对人性更深的理解。

20世纪90年代末，哥特文化经历了一次显著的复兴，
部分原因是互联网的连接，使得有相似兴趣的人可以更便捷
地分享图像。他们可怕的滑稽行为充斥着新闻头条，在美国
引发了一场道德恐慌。在基督教原教旨主义者的眼中，哥特
青少年被贴上了邪恶的标签，因为他们喜欢穿黑衣服，沉迷
于巫术和玄妙之象。

面对新的哥特文化，不必感到道德恐慌——工业哥特人
的黑色军事风格和光头，或者网络哥特人的黑色和荧光色的

混搭。20世纪90年代末,日本出现了一种与洛丽塔(Loli-ta)亚文化捻在一起的黑色哥特风格。洛丽塔风格的服装大多是可爱的粉色和爱丽丝仙境的白色,哥特风格的版本则以黑色十字架和深色妆容为特色,最初是在彩虹乐队(L'Arc-en-Ciel)和罪恶米兹(evil Mizer)等日本视觉系乐队中流行起来的。哥特式洛丽塔风格让年轻人可以通过服饰来表达自己的个性和对生活的热爱,为此,他们崇尚购买一些特定品牌的服装,比如1999年由视觉系音乐家佐藤学(Mana)创立的Moi-même-Moitié品牌和1995年成立的先锋黑暗女装品牌alice auaa。

20世纪90年代末,女演员安吉丽娜·朱莉(Angelina Jolie)以自己的文身、收藏刀具以及在脖子上悬挂一小瓶丈夫的血液,来塑造自己的叛逆形象。2000年奥斯卡颁奖典礼上,她模仿莫蒂西亚·亚当斯(Morticia Adams)的造型,穿了一件黑色Versace礼服,搭配蓬松的黑色长发。哥特亚文化已经被亚历山大·麦昆(Alexander McQueen)等时装设计师所接受。长期以来,色情恐怖一直是设计师们的兴趣。1938年,埃尔莎·夏帕瑞丽(Elsa Schiaparelli)与萨尔瓦多(Salvador Dalí)合作设计了一件骷髅裙,这是一件黑色人造丝晚宴裙,用填充绣勾勒出骷髅的轮廓,在1938年作为她马戏团系列的一部分展出。

黑色是麦昆的主色调,他给自己的设计注入了一种阴郁的浪漫和迫害感,他在2007年秋冬秀中提到了塞勒姆的女

巫审判。在他2002/2003秋冬系列中，名为"supercalifra-
gilisticexpialidcious"，他用神秘的黑色创作重新建构了哥
特式童话，包括一件翻卷的黑色降落伞斗篷。

时装设计师瑞克·欧文斯的灵感来自他在加州的哥特少
年时代。"当我在街上看到年轻的哥特人时，我觉得他们就
像我的孩子一样，"他说。哥特文化也让他想起了天主教学
校，"人们拖着长袍，戴着兜帽，专注思想修炼——我所做
的一切都源于此"。欧文斯开创了街头哥特风的概念，他的
野兽派系列将运动服与哥特美学融合在一起促进了健康哥特
风的流行，它最早出现在博客网站Tumblr上，到2014年成
为谷歌搜索次数最多的亚文化之一；它融合了对重金属和哥
特符号的热爱，比如五角星、黑色运动服和生物科技元素。
Instagram上"#健康哥特"成为网络热搜标签，演变成一
种更广泛的文化，激发了阿迪达斯和耐克等品牌将运动服改
为黑色。

当人们遭遇失败时，得到的教训就是穿黑色。1994年
6月，就在查尔斯王子关于他们婚姻的纪录片即将播出的同
一天晚上，戴安娜王妃穿了一件由克里斯蒂娜·斯坦博利安
（Christina Stambolian）设计的露肩黑色连衣裙。这条裙
子被称为"复仇"的裙子，黑色就是一幅空白画布，能完美
地定义穿着者的身份。

正如桑德拉·罗兹（Zandra Rhodes）在2008年所说，
"黑色连衣裙是最好的宣言单品"。

Purple  紫色

2016年4月，流行歌手普林斯突然去世，消息传出，震惊的粉丝们聚集在洛杉矶市中心，踏着他的音乐节拍舞蹈、唱歌，穿着他标志性的颜色来缅怀他的一生。《洛杉矶时报》采访了51岁的吉尔伯特·阿拉贡（Gilbert Aragon），他身穿紫色毛皮背心，戴着皮手套。"这是我能为他做的最好的事情，"阿拉贡说，他从18岁起就是他的粉丝。这位创作型歌手可能还唱过其他颜色的歌，如《树莓贝雷帽》和《小小红色巡洋舰》（*Little Red Corvette*），但他永远与《紫雨》（*Purple Rain*）联系在一起。沐浴在紫丁香的烟雾中，穿着紫色的西装，弹奏着定制的紫色吉他和钢琴，他在整个职业生涯中总有紫色相伴，因为他觉得紫色能让他在舞台上更为光彩，仿佛化身皇室成员。

　　当他的妹妹泰卡·尼尔森（Tyka Nelson）在2017年的一次采访中声称橙色是这位歌手最喜欢的颜色时，普林斯同父异母的妹妹莎伦·尼尔森（Sharon Nelson）站出来为紫色辩护。她说，虽然他"喜欢彩虹中的许多颜色，但他尤其喜欢紫色，因为它代表着皇室"，"紫色总是让他觉得自己是王子"。

　　远在古代，紫色就已成为权贵们的专属。它被命名为"御用"或"皇家"紫色，象征着财富和权力，只有皇帝、皇室成员和教会领袖才能穿紫色。在古罗马，尼禄（Nero）皇帝对自己的紫袍爱惜有加，任何人，一旦被发现穿着紫色，都将被流放，甚至处死。它的珍贵源于它的稀有。这种染料起源于古腓尼基，来自于海螺的一个小腺体，萃取这种有光泽的、色泽丰富的染料是一个非常耗时、复杂和高度机密的过程。

　　1856年，化学家威廉·亨利·珀金（William Henry Perkin）发明了一种人造紫色，并将其命名为"苯胺紫"（mauveine），自此，时尚的丝绸才可以被染成令人眼花缭乱的紫色。除了淡紫色的紫罗兰，还有紫丁香、李子、紫红色、茄子、葡萄酒、薰衣草、品红、长春花、苋菜和天芥菜，它们的名字都来自花朵、水果和蔬菜。

　　正如艾丽丝·沃克（Alice Walker）在她的小说《紫色》（Color Purple，1982）的序言中所写的那样，紫色"总是令人惊讶，自然界中无处不在"。紫色与茜莉这个角色有关，首先它是她最喜欢的颜色，然后象征着她需要力量来摆脱虐待她的丈夫，因为紫色象征着上帝对地球的影响。莎格·艾微利告诉茜莉，"我认为如果你一路走过满是紫色的田地，却没有注意到它，上帝会生气的"。

在自然界中，紫色随处可见——在花的花瓣中，在多汁的蓝莓和黑莓的汁液中，在茄子光滑的表皮上。可见光谱中，"紫色"的波长最短，是我们最后看到的波长。正因为如此，紫色被认为代表了一个更高的境界，提供了一种精神意识，这也许就是为什么无论是新艺术运动、前拉斐尔派和嬉皮亚文化，它们都注入了紫色，以此来拥抱另类的思想和着装。

对于紫色，有人喜欢，有人讨厌。尤其是淡紫色，它有着传统的含义——女装设计师尼尔·"邦尼"罗杰（Neil "Bunny" Roger）将一种特殊的淡紫色称为"更年期淡紫色"，因为它让人联想到维多利亚时代的寡妇。

审判辛普森（O.J. Simpson）刑事谋杀案时，辩护律师约翰尼·科克伦（Johnnie Cochran）穿了一套双排扣西装，颜色是长春花蓝色，也有人说是灰蓝色，引发了很多争议。"只是不要叫它淡紫色"，他说。这个故事与他的自传《律师的生活》形成了鲜明的对比，他在自传中写道："我确实为自己的穿着方式感到非常自豪。"他回忆起自己在纽约做律师的时候，有一次记者问他："你穿淡紫色西装是怎么回事？"科克伦的回答异常冷静："今天是淡紫色的一天。"

皇室紫色

当克利奥帕特拉（Cleopatra，公元前69-30）的皇家驳船驶入港口时，海岸线上的人们首先注意到的是紫色的船帆，海螺分泌物染成的紫色，造价昂贵，香水熏制后，掩盖了刺鼻的气味。埃及王后很清楚，紫色能增强她光辉的形象，她的宫殿里挂着紫色帷幔，紫色的船帆高悬船上，紫色宣告了她的存在，预示着她的到来。威廉·莎士比亚在《安东尼与克利奥帕特拉》（1607）中有这样的描述："她坐的驳船，就像一尊擦亮的宝座，在水面上燃烧着：船尾金光闪闪；帆是紫色的，芳香四溢，风裹挟着紫色的相思病。"

在整个古代世界，紫色染料是从软体动物的身体中提取的，这种染料很重要，专供皇室御用。大约从公元前1500年开始，紫色染料贸易的中心是古代腓尼基城市提尔，也就是现在的黎巴嫩。当腓尼基人带着紫色纺织品穿过地中海进行贸易时，从马尔马拉海到小亚细亚和希腊周围的海岸线上，他们的染料工厂星罗棋布。成堆的贝壳残骸就是最好的证明，在西班牙和西非也发现了工厂遗址。

提尔紫色是从几种骨螺中提取的，它们产生的紫色深浅不一，从蓝色到红色不等。一个腓尼基传说概述了这种珍贵染料的起源。提尔岛的守护神梅尔卡特神（Melqart）和他的女主人在海滩上散步时，他的爱犬从水中捞出一只骨螺，开始咬它。梅尔卡特注意到他的狗的嘴变成了紫色，这启发了他用骨螺给女主人染了一件同样颜色的长袍，并把这种染

1984年，普林斯的
《紫雨》海报

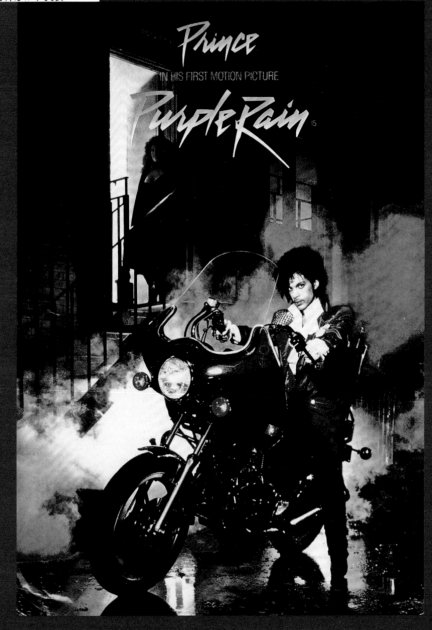

料的秘密告诉提尔人，由此给提尔人带来了巨大的财富。

捕捞骨螺只能在秋天和冬天进行，因为那时骨螺的颜色最浓，此外，必须在它们存活时去除腺体的分泌物，否则就会失去色泽。虽然这种液体看起来是透明的，但当它与氧气接触时，就会变成一种持久的深紫色。将这种液体和碾碎的贝类用盐腌制，在木灰和尿液中发酵三天，然后在金属大桶中熬煮10天。

制造一克提尔紫色染料，需要多达12000只骨螺，这是一件又脏又臭的差事，因为大量的海螺肉被倾倒在阳光下。提尔的染料工厂位于城墙外，以保护居民免受腐肉和尿液的恶臭的侵扰。

这种气味被普林尼（Pliny）形容为"令人作呕"，但在腓尼基古代世界，提尔紫色染料的交易非常兴旺，到公元前4世纪，提尔紫色的价值显然超过了黄金。在古罗马，有的精英公民，包括地方法官和生为自由民的孩子，在白色长袍的边缘佩戴一条宽边紫色带子，而获胜的将军则被授予金色刺绣的红紫袍服（toga picta），制作衣服的布料是一种耀眼的提尔紫色镶金布。

随着罗马帝国的扩张和对地中海港口的控制，这种染料变得更加重要。公元前48年，尤利乌斯·恺撒（Julius Caesar）到访埃及时，据说他对埃及艳后克利奥帕特拉塑造的强大形象印象深刻，因为她在游艇上和宫殿里都使用皇家紫色作为装饰，所以他颁行了一项新规定——紫色，作为他神圣权力的象征。

公元300年，随着罗马帝国的灭亡，提尔紫色的生产转移到拜占庭首都君士坦丁堡，在那里紫色仍然保持着皇家颜色的地位。这种颜色成为皇室的象征，以至于皇后们生孩子的产房都要挂满紫色帷幔，这样皇室宝宝们第一眼看到的就是提尔紫色。

1453年，当君士坦丁堡被土耳其人占领时，拜占庭帝国崩溃了，制造提尔紫色的古老技艺也随之失传了。有证据表明，在古秘鲁和墨西哥的阿兹特克人曾用软体动物来做紫色染料。考古学家认为，在康沃尔海岸和爱尔兰发现的小贝类曾被用来给教堂要人的衣服染色。但在提尔紫色的秘密失传后，人们转向植物，寻求新的方法，制造新的紫色染料。

尽管自然界中有丰富的紫色，但基于植物来获取紫色的染料并不容易。制作紫色最简单的方法是用茜草或巴西木将织物染成红色，然后将其浸在一缸蓝色的靛蓝或靛青中。在日本，大约从公元800年开始，一种名为"murasaki"的深紫色（得名于被提取的紫色植物的根）被用来浸染紫色和服，而紫色和服也只是皇室成员的专属。

虽然欧洲越橘（bilberry or whortleberry）可以单独产生紫色染料，但最常见也最重要的植物群是长在南美洲和西印度群岛部分地区的一种树——洋苏木（logwood）。当与不同的媒染剂结合时，洋苏木可以产生从黑色到紫色的强烈颜色。紫色染料也可以从一种叫作石蕊（orchil）的地衣中提取，这种地衣是从南欧陡峭的岩壁上危险地采集的。古希腊人和古罗马人就曾使用过这种方法，这种方法在14世纪被佛罗伦萨人重新发现，他们垄断了从地衣中提取蓝色和紫色并将其浸泡在尿液中制备的专利。因为这些紫色染料不像提尔紫那样有光泽，所以到了文艺复兴时期，这种颜色就失去了它的独特性，取而代之的是红色（从红蚧和胭脂虫身上提取），它被确定为皇家的颜色，象征着奢华和地位。但紫色仍然有着根深蒂固的意义。尽管没有关于亨利八世穿紫色衣服的艺术描绘，但他在1510年颁布了一项关于限制奢侈的法律，规定只有国王或经国王同意才能穿紫色衣服。

当玛丽一世加冕为女王时，她穿了一件紫色天鹅绒礼服，以加强她作为英国历史上首位摄政女王的重要性。她的妹妹伊丽莎白一世也同样迷恋紫色；她在1559年的加冕宴会上穿了一件紫色的礼服，在1603年去世时，她要求她的棺材上覆盖着紫色的天鹅绒。

17世纪，整个欧洲废除了反奢侈的法律，所有阶层的人都可以穿紫色。在18世纪的启蒙运动时期，浓郁的紫色被认为过于沉重和黑暗，而当时流行的是浅淡、明亮的颜色。直到维多利亚时代，当精致的礼服成为更有创意的合成色的画布时，紫色才真正兴盛起来。

苯胺紫和紫罗兰色

1856年，威廉·亨利·珀金还是一位学化学的年轻学生，在父母位于伦敦东区家中顶楼的家庭实验室里进行一系列实验时，他并不知道自己出于年少好奇做的实验将导致时尚界的一场革命，并在一个世纪后为自己赢得了一枚蓝色奖章。珀金在15岁的时候就进入了皇家化学学院，他的前途是如此光明，有幸成为著名的德国化学家奥古斯特·威廉·冯·霍夫曼（August Wilhelm von Hofmann）教授的助手。

燃气灯照亮了英国各地的城市，为工厂和房屋供电，但在生产过程中也留下了大量危险的硫渣，科学家们竞相寻找一种方法来清除这些残留物。19世纪20年代，查尔斯·麦金塔（Charles Macintosh）在格拉斯哥发明了一种用煤焦油制作防水布料的方法，从而推出了以他的名字命名的雨衣。霍夫曼看到了通过调整焦油分子来合成奎宁的潜力，奎宁是目前已知的唯一可以解决欧洲和亚洲疟疾肆虐问题的药品。

珀金18岁的时候，开始在自己家里进行奎宁的实验。在玻璃烧杯里的煤焦油中加入氢和氧后，杯中留下了令人沮丧的黑色污泥。他把变性酒精倒入杯中，希望清洗苯胺（煤焦油中存在的一种无色液体），这时，他发现了一种有趣的物质，便用一块布去擦拭。擦拭后，布上染上了颜色，用他的话说，是"一种奇怪而美丽的颜色"，珀金意识到他发明了自己的提尔紫。他后来写道："在对获得的着色剂进行试验时，我发现它是一种非常稳定的化合物，可以将丝绸染成美丽的紫色，可以在很长时间内不会因光照而褪色。"

1856年8月，珀金为自己的发现申请了专利，并做出了艰难的决定：放弃了他的研究，转向商业化——生产合成染料。在家人的支持下，珀金于1857年在伦敦西北部建立了自己的工厂。但他遇到了挫折，未能在法国获得专利，并发现有工厂已经在生产一种与他的染料非常相似的染料。巴黎的时尚杂志正在庆祝一种叫作"淡紫色"的新颜色，取自锦葵的粉紫色。时髦的欧仁妮皇后（Empress Eugenie）、拿破仑三世的妻子（Emperor Napoleon III），认为淡紫色很亮眼。1858年，维多利亚女王的大女儿维多利亚嫁给普鲁士王子弗雷德里克·威廉（Frederick William），受尤金妮的启发，她在女儿的婚礼上，穿了一件淡紫色天鹅绒礼服。

借助紫色在法国高级定制时装中的流行，珀金将"淡紫色"和"苯胺"两个词语进行混合，将染料命名为"苯胺紫"（mauveine）。很快，他就成了一个非常有钱的大富翁，染料的大规模生产，刺激了女性时装对颜色的巨大需求。

查尔斯·狄更斯（Charles Dickens）1859年在他的文学杂志《一年四季》（All the Year Round）中写道："当我向窗外望去，珀金的紫色神化似乎近在咫尺——紫色的手在敞开的马车上挥舞——在街道的门口相互紧握——在路边摩拳擦掌，相互威胁；紫色条纹的长袍塞满了马车，塞满了出租车，挤满了轮船，挤满了火车站，全都飞向乡村，就像无数的鸟儿飞向紫色天堂。"

珀金苯胺紫的发现引发了一系列新的合成染料的开发，克里诺林式裙撑的出现进一步提高了这种染料的受欢迎程度。克里诺林式裙撑是一种穿在裙子里面的网架，如铁制的鸟笼状结构，创造出宽敞的形状。裙撑需要一码又一码的布料，它成为展示当时时尚新色彩的完美画布，像查尔斯·沃斯（Charles Worth）这样的设计师正在把女性变成狄更斯笔下的"紫色天堂的鸟儿"。

弗朗索瓦-伊曼纽尔·韦尔甘（François-Emmanuel Verguin）将苯胺和氯化锡混合在一起，创造了一种鲜艳的红紫色，他以开花灌木倒挂金钟属植物（fuchsia）为其命名为"品红"（fuchsine）。1858年它在英国被命名为"索尔弗利诺"（Solferino）和"马真塔"（magenta），它们是第二次意大利独立战争的战斗地点。

苯胺的流行对天然染料行业产生了不利影响，自珀金发现苯胺紫以来的几十年里，行业对靛蓝和茜草的需求不断减少。更坏的是后来人们发现这些神奇的新颜色里大多含有砷等有毒物质，尤其是品红。当珀金尝试用硝酸汞来制作自己的品红时，他的工人们开始因汞中毒而生病，他便停止了生产。也有故事说，珀金工厂污染了大联合运河（Grand Junction Canal），河水每周都会呈现不同的颜色。19世纪60年代，瑞士巴塞尔的一家生产品红和苯胺紫的染料厂被罚款，并被判有罪，他们向供水系统注入毒素，致使当地居民砷中毒，因此被迫关闭。

到了19世纪70年代早期，淡紫色在年轻一代中已经不再受欢迎，当时，这种颜色更多的是与丧服联系在一起，1863年亚历山大公主（Princess Alexander）穿着一件精致的淡紫色半丧服出现在公开场合。《英国妇女家庭杂志》的一位读者写信给当地的时尚专家，问她应该如何处理一位年长的亲戚送给她的一件老式的亮紫色礼服。该杂志的回应是，"明亮的淡紫色当然是过时了，但可以作为居家服"，不过，"紫色用于深色军服的肩带装饰，仍然是不可或缺的颜色"。

1926年，美国作家托马斯·比尔（Thomas Beer）将19世纪90年代，也就是"同性恋的90年代"，描述为"淡紫色的十年"，因为那个年代随处可见财富暴增和挥霍无度，但有一位作家将紫色与某种类型的老年女性联系起来，他就是奥斯卡·王尔德（Oscar Wilde）。在《多里安·格雷的肖像》（*The Portrait of Dorian Gray*，1890）中，他把淡紫色与那些追求年轻打扮的年长女性联系在一起："女人们总是要寻找自我安慰，她们中的一些人希望通过色彩来弥补情感的空缺。永远不要相信一个穿淡紫色衣服的女人，不管她的年龄有多大，也不要相信一个35岁以上喜欢粉色丝带的女人。穿这样的衣服，只在炫耀她们过往的一段历史。"在1895年的戏剧《理想的丈夫》（*An Ideal Husband*）中，引人注目的蛇蝎美人切弗利夫人就穿了一件被称为"天斜花"

的亮紫色连衣裙。

也许这就是为什么在英国维多利亚时代晚期，紫色走向过时的边缘——太多的老年寡妇都喜欢穿紫色，她们把19世纪60年代的紫色礼服用作丧服。在电视剧《唐顿庄园》中，由玛吉·史密斯（Maggie Smith）饰演的老夫人维奥莱特·克劳利经常穿着亚历山大王后风格的淡紫色礼服。这件紫色的衣服出现在电视剧的第一季中时，她在悼念在泰坦尼克号上遇难的亲人，暗示了紫色是老年女性的颜色。直到20世纪50年代，这种颜色仍然是皇家的丧服颜色。据报道，1952年英国国王乔治六世去世时，伦敦西区商店的橱窗里陈列着淡紫色的内衣。

从新艺术到装饰艺术

在经历了一场短暂的疾病之后，威廉·珀金于1907年去世，此时距离他突破性地发现苯胺紫已有50年。那时，他已经为医学、炸药和摄影的发展进步铺平了道路，为发现人工甜味剂、糖精等埋下了基石，在免疫学和化疗方面所做的工作也具有开创性，因此得到了认可和颂扬。

虽然到19世纪80年代，紫色已经不再流行，但在爱德华时代，较淡的紫罗兰、薰衣草和紫丁香又重新流行起来。19世纪80年代，当印象派画家在画"外光"（en plein air）时，从他们画中的阴影和云层中可以看到紫色的阴影，它与黄色的阳光相映成辉。浅紫色的色调适合爱德华七世时代对新鲜、淡雅色彩的需求，以抵消工业化给城市带来的烟尘。随着新艺术和工艺美术运动的美学的兴起，紫色调出现在奥布里·比尔兹利（Aubrey Beardsley）的海报和威廉·莫里斯（William Morris）的墙纸上，以及利伯提百货（Liberty & Co.）出售的天鹅绒长袍，夹克，搭配精致的高领白色蕾丝衬衫，都有紫色的。

当时，紫色大多用于悼念，但在1908年，它却成了英国妇女参政论者采用的三种颜色之一，以统一她们的运动。正如妇女参政报纸《为妇女投票》的编辑埃米琳·佩西克-劳伦斯（Emmeline Pethick-Lawrence）所写的那样，选择紫色是因为它与皇室的长期联系，"每一位妇女参政者血管中都流淌着与皇室一样的血液，拥有自由和尊严的本能"，而白色则代表纯洁，绿色则是"春天的象征"。在美国，全国妇女党（National Women's Party）将紫色与白色和金色结合在一起，因为正如1913年12月的一份通讯中所概述的那样，紫色意味着"忠诚，忠于目标、对事业坚定不移的颜色"。

托马斯·比尔对19世纪90年代的紫色做了反思研究，撰写了《淡紫色的十年》（The Mauve Decade），该书在1926年出版时引起了爵士时代读者的共鸣，因为这两个年代都盛行文化实验和乐观主义的意识。20世纪20年代重新点燃了人们对明亮色彩的迷恋，1926年4月版的伦敦《泰晤士报》将淡紫色描述为巴黎"最受欢迎的颜色"。1925

年6月，它称赞"两种深浅的兰花淡紫色雪纺"是一种很酷的面料，可以穿着它参加阿斯科特（Ascot）赛马会和亨利（Henley）赛马会。珍妮·朗凡（Jeanne Lanvin）的紫色斜纹缎面晚礼服是装饰艺术优雅的典范。礼服用了一种强烈的颜色，流光溢彩，线条柔和，与它严肃的几何领形成对照。

薰衣草的十年

 *Life*杂志1961年8月的一篇文章透露，"金·诺瓦克（Kim Novak）对紫色充满热情。她在紫色的纸上用淡紫色的墨水撰写紫色的散文，穿紫色的衣服，睡在紫色的床单上。她新接了一部影片《风流女房东》（*The Notorious Landlady*），影片时拍摄需要她表演拳击动作，为此，她出门买了一个淡紫色的拳击练习袋。"

 诺瓦克是电影《野餐》（*Picnic*，1955年）和《老友乔伊》（*Pal Joey*，1957年）的主演，她是20世纪50年代最受欢迎的明星之一，人们经常把她与薰衣草色联系在一起。她被描述为有着淡紫色的眼睛，1956年发表的一篇名为"淡紫色生活的女孩"的专题文章，专门讨论了她最喜欢的颜色与她事业的乐观前景的关系。文章写道："在诺瓦克小姐的生活中，淡紫色已经成为一个非常重要的道德鼓舞者，淡紫色是她特有的词语，她能区别从深紫色到淡紫色的所有颜色。"

 正如19世纪90年代，乐观主义盛行，被认为是"淡紫

色的十年"，同样，20世纪50年代也是淡紫色的十年，紫色
和代表乐观主义和消费主义的彩虹色一起重新流行起来。淡
紫色是一种女性化的颜色，为流行的粉色提供了一种柔和的
选择，让人想起詹姆斯·惠斯勒（James Whistler）对淡紫
色的描述："只是粉色试图成为紫色。"1951年6月12日，
《纽约时报》称赞紫丁香和淡紫色是孕妇装"最讨人喜欢的
颜色"。1963年，《纽约时报》将紫色和其他亮色的流行归
因于加州对时尚的影响："今天下午，在巴黎的克里斯汀·迪
奥时装秀上，一位瘦削的模特穿着齐踝绉纱裙，从挂着帘子
的门里走着猫步出来。这套时装是茄子紫色的，配上霓虹粉

*1

*2

*1. 金·诺瓦克（Kim Novak）在《玉伶香消》（*Jeanne Eagels*，1957）中

*2. 玛格丽特·莫里斯（Margaret Morris）为妇女参政运动创作的宣传画，《妇女进行曲》（*The March of the Women*），1911年

*3. 皮埃尔·巴尔曼（Pierre Balmain）的秋冬系列，1958年

*3

色的腰带，被命名为'比弗利山庄'"。

伊丽莎白·泰勒（Elizabeth Taylor）同样因其紫罗兰色的眼睛而闻名，她经常穿着紫色衣服来衬托这种颜色。1963年，在她主演的巨片《埃及艳后》中，她的眼睛涂满了眼影，勾勒出深紫色的轮廓，这是20世纪60年代流行的古埃及风格。她不仅在20世纪50年代的明星宣传肖像中穿着深紫色礼服，而且在1970年的奥斯卡颁奖典礼上，也穿了一件由伊迪丝·海德设计的闪闪发光的紫色礼服，完美地展现了她的沙漏形身材和她的圣特罗佩古铜色皮肤，魅力四射。在20世纪80年代和90年代，热衷参与艾滋病公益活动，推出多款利润丰厚的香水，成为她这一时期的重要标志。她对紫色仍是心心念念，经常穿着一系列大袖子的紫色缎面礼服出席公开活动，包括在1989年她的香水"激情"（Passion）发布会上，她也是一身紫色。

20世纪50年代，"薰衣草"成为时尚的同时，它也被用来诋毁美国的同性恋群体。历史学家大卫·K.约翰逊（David K. Johnson）用"薰衣草小伙子"（Lavender guys）来称呼男同性恋者，并将其称为"薰衣草恐慌"（The Lavender Scare）。据报道，5000名联邦机构雇员因为他们的性取向而失去了工作。十年后，1969年发生了石墙暴动（Stonewall）后，LGBTQ群体重新使用了薰衣草色，当时，人群从华盛顿广场公园游行到一个月前发生骚乱的纽约石墙酒店（Stonewall Inn），他们佩戴了分发的紫色腰带和

臂章。正如电影导演德里克·贾曼（Derek Jarman）在他
1993年的散文《紫色的通道》（*Purple Passage*）中所写
的那样："紫色充满了激情，也许紫色会变得更大胆一点，然
后把粉色变成紫色。甜美的薰衣草会让人脸红，让人注目"，
"紫色是同性恋的一种表达。男人的蓝色和女人的红色结合
起来，就成了奇怪的紫色"。

　　1969年，女性主义活动家贝蒂·弗里丹（Betty Frie-
dan）将全国妇女组织的女同性恋成员称为"薰衣草的威
胁"（the Lavender Menace）。她的表述导致一群激进的
活动人士决定采取行动，她们在第二届联合妇女大会上穿
着紫色的T恤，上面印有贝蒂的这句话。卡拉·杰伊（Karla
Jay）是活动的组织者之一，她回忆道：

> "两边过道站着17名女同性恋者，她们穿着
> 印有'薰衣草威胁'的T恤，举着我们制作
> 的标语。一些人邀请观众加入她们的行列。
> 我站起来喊道：'是的，是的，姐妹们！我
> 受够了因为妇女运动而被关在柜子里。'让
> 观众们惊恐的是，我解开了身上穿着的红色
> 长袖衬衫的扣子，把它扯了下来。里面，我
> 穿着一件'薰衣草威胁'的T恤。当我走
> 到过道，加入她们的队伍时，观众报以热烈
> 的欢呼声。丽塔（梅·布朗）（Rita [Mae

Brown]）也站起来脱下了她的'薰衣草威胁'T恤。一阵阵急促的喘息声，眼见她脱出又一件印有同样标语的T恤，观众发出更多的笑声。观众站在我们这边。"

迷幻的紫色

1964年，芭芭拉·胡兰尼基（Barbara Hulanicki）在伦敦开设了自己的小精品百货店，叫作Biba，她的波希米亚风格的现代设计立刻吸引了一群热情的年轻女性，这些设计让人回想起世纪之交的新艺术运动和20世纪20年代的装饰艺术。这位年仅20多岁的设计师通过自己的时装系列，销售了橄榄色、铁锈色，以及她最喜欢的"瘀紫"色等色调朴实的浪漫服装。华丽的紫色天鹅绒礼服和松软的淡紫色帽子成为了一种标志，因为拿着店员工资的女孩可以买到Biba倡导的负担得起的"整体造型"。

胡兰尼基形容她的Biba女孩是"梦幻般的，不可触碰的……她是那么年轻，那么清新，我年轻时讨厌的那些姑妈的颜色在她身上看起来都是新的。在阳光下，兰花、灰蒙蒙的蓝色、越桔和桑葚看起来和她周围的环境很协调。一旦进入Biba，音乐悠扬，灯光柔和，女孩们就有了几分神秘"。

Biba店成为时尚年轻人周六聚会的地方，胡兰尼基把她自己的店描述为一个文化中心："多年后，我收到了一些在Biba认识的人的来信，他们在那里度过周末，相识，求婚，

*1. 模特崔姬
（Twiggy）在Biba
门店做化妆品的促
销活动，1972年
*2. 1970年，女同
性恋激进女权运动
成员所穿的"薰衣
草威胁"T恤
*3. Biba门店，肯
辛顿，1972年

生了孩子，用Biba紫色的尿布把他们包裹起来。"

作为赞美自然色彩的新艺术运动的参考，紫色定义了20世纪60年代末横空出世的、迷幻的嬉皮运动。作家汤姆·沃尔夫（Tom Wolfe）将20世纪60年代称为"紫色的十年"，并将他关于反主流文化运动的新闻报道汇编成一本同名的书。

紫色似乎代表了1967年的爱情之夏。在旧金山的海特-阿什伯里（Haight-Ashbury）社区，扎染衬衫上的紫色随处可见，长发上点缀着紫色花朵，这代表着一种歌颂自然世界和东方哲学的新运动。摇滚乐队和音乐会的海报使用了橘色和紫红色或紫红色和翡翠绿的迷幻组合——偏离中心的颜色组合，这在很大程度上受到了新艺术艺术家阿尔丰斯·穆夏（Alphonse Mucha）和奥伯利·比亚兹莱（Aubrey Beardsley）的影响。1966年，《纽约时报》发表了一篇题为"紫色上的橙色：年轻人身上的色彩"的文章，描述了"紫色西装上的橙色圆圈……颜色就像晶体管收音机有节奏的爆炸声一样野蛮"。

吉米·亨德里克斯（Jimi Hendrix）用歌曲《紫色的雾霾》（Purple Haze）将紫色与烟熏迷幻联系在一起。"紫色蒙特利"致幻剂，以及在整个20世纪60年代"风靡"西方的紫色兴奋剂，象征了紫色的混乱，蓝色和红色混合在一起，形成了许多深浅不同的色调。

普林斯和紫色

艺术家兼音乐家普林斯常被戏称为"紫人"，他与这种似乎暗示着颓废和过度的颜色纠缠在一起，以至于在2017年8月，他的遗产管理公司与Pantone色卡公司合作，开发了属于普林斯的紫色"爱的符号2号"。

普林斯第一次穿紫色是在1982年，那时他的第四张专辑《争论》（*Controversy*）即将发布，他穿了一件淡紫色定制染色风衣。在1999年的巡回演出中，他在一个紫色的笔记本上草草记下了很多关于他的电影和专辑《紫雨》的回忆。1985年《紫雨》专辑发行后，获得了巨大的成功，巩固了他作为一个有远见卓识的人的声誉，并永远将他与他的紫色装饰缎子夹克、舞台上笼罩着的紫色烟雾和他的新浪漫主义、反性别风格联系在一起。

研究普林斯的专家、作家卡西·里奇（Casci Ritchie）撰写了书籍《关于他的皇室缺点：普林斯的时尚生活和遗产》（*On His Royal Badness: The Life and Legacy of Prince's Fashion*，2021），他在书中写道："他喜欢紫色最明显的原因是它与皇室有关……这增加了他的神秘感和深邃感，有助于强化他自己创造的神话。紫色是一种非常独特的颜色，这让他有了专属于自己的颜色。"

普林斯为1989年的电影《蝙蝠侠》提供了配乐，他的音乐穿插在小丑（杰克·尼克尔森饰）出现的场景中。从1940年的第一本漫画开始，到希斯·莱杰（Heath Ledger）

的《黑暗骑士》(*The Dark Knight*, 2008),杰克·尼克尔
森这个角色广受好评,他经常穿着一件不寻常的紫色外套,
与鲜艳的橙色或绿色相冲突——这种风格展示了他的疯狂
和野心。在这部1989年的电影的一个场景中,金·贝辛格
(Kim Basinger)饰演维姬·瓦尔,她试图勾引小丑,对他

*1. 碧昂丝在
2003年BET颁
奖典礼上演唱
《为爱疯狂》
*2. Givenchy
2018/2019秋冬

说："你太伟大了。我的紫色。我爱紫色。"这句台词也许是个小玩笑，当时贝辛格和普林斯正在约会，他们是在音乐制作过程中认识的。

紫色融入流行音乐，还得归因于一位音乐巨星碧昂丝（Beyoncé）：她爱穿紫色衣服，紫色为流行音乐注入了活力。在她加入天命真女组合期间，所有成员都穿着由她母亲蒂娜·诺尔斯（Tina Knowles）设计的淡紫色和品红色迷你裙和连体裤。在2003年的BET颁奖典礼上，她唱了自己的突破性单曲《为爱疯狂》（*Crazy in Love*），在舞台上进行了精彩的表演，她身穿一件深紫色礼服，礼服上有Versace 2003春夏系列的青绿色细节，她将礼服裙摆剪到了大腿。这是她成为全球巨星和流行音乐天后的瞬间。18年后，赞达亚（Zendaya）在2021年的BET颁奖典礼上也穿了一件由她的造型师提供的Versace透明拖地长裙，不仅致敬了碧昂丝的标志性表演，还抓住了对世纪之交时装的怀旧之情。

紫色的权力

《造型师》（*Stylist*）杂志在2016年的一篇题为"茄子是新的黑色"的文章中称："忘掉牛油果吧，现在全是茄子——在我们的盘子里，在我们的家里，甚至在我们的衣橱里。"

紫色回归时尚，重现过往的辉煌时刻，充满着对逝去时代的怀旧之情，比如2005年，Biba风格在充满活力的印花中重新流行起来，这种风格，色调阴郁、朴实。其中包括

Prada 2005年春季成衣系列，淡紫色衬衫和紫红色迷你裙搭配一系列冲突的颜色，就像20世纪60年代的迷幻海报。Alice Temperley 2005年秋季成衣系列，模特们涂着柔和的70年代风格的紫色眼影，中分头发上系着深红色和紫色花朵发带，披着梅子色的针织围巾。对于设计师安娜·苏（Anna Sui）来说，纽约的精品商店Bergdorf Goodman的Biba柜台是一个神奇的阿拉丁洞穴，激发了她自己的设计灵感。"我以前每年夏天都会从密歇根来到纽约，"她回忆说，"我期待着那里的颜色，李子色、蓝绿色和栗色，它们比你见过的任何颜色都要朦胧，更令人兴奋"。

虽然紫色代表怀旧，但它也有一种未来主义的感觉。2011年茄子网络表情符号首次出现，它暗示男性的阳具，由此，紫色有了新的含义，Instagram试图禁止这个表情符号，因为它的使用让人感到冒犯，这个符号发展出了一种更具颠覆性的"色彩"。紫色也被誉为超级食物的象征，2017年的一项研究揭示了在茄子、紫色花椰菜、接骨木莓和甜菜根等食物中发现的花青素有益于人的健康，由此激发了人们对紫色的服装和化妆品的兴趣。

紫色的潮流与时尚和化妆联系在一起，Dior 2016秋冬系列的模特们的嘴唇上都涂了深色、有光泽的李子果酱口红。对于Givenchy 2018/19秋冬系列，克莱尔·维特·凯勒（Clare Waight Keller）的灵感来自一种20世纪80年代的粗犷、低俗的魅力。她设计了闪闪发光的紫色褶皱礼服，类似贝壳和海葵的形状，让人联想到骨螺的紫色。

2018年，Pantone发布的年度色彩是紫外线色（ultra-violet），它参考了迷幻时代的思想，并认为这种颜色可以通过挖掘精神，将意识提升到一个更高的水平，提供创造性的灵感。在这个政治色彩比以往任何时候都浓厚、危险的时代，紫色是一种代表未来希望的颜色。

2021年1月美国总统拜登的就职典礼很低调。当时正值新冠疫情最严重的时候，人们无法像往常一样涌入华盛顿特区，同时，美国和世界其他地方都为当年1月6日美国国会大厦遭到的冲击感到震惊。然而，那天有一件事情给人印象深刻，那就是与会者中有一片色彩的海洋，尤其是紫色。副总统卡玛拉·哈里斯（Kamala Harris）身穿由非裔美国设计师克里斯托弗·约翰·罗杰斯（Christopher John Rogers）设计的深紫色外套和连衣裙，米歇尔·奥巴马则选择了葡萄酒色的外套、高领毛衣和阔腿裤。希拉里·克林顿穿着她标志性的紫色裤装，吉尔·拜登穿着由纽约独立设计师乔纳森·科恩（Jonathan Cohen）设计的温暖的紫色外套。紫色被选为团结的颜色，融合了民主党的蓝色和共和党的红色，其象征意义受到了这些民主党女性的青睐，表明在历经前任唐纳德·特朗普的动荡岁月之后，拜登的新政府会带来一种新的乐观。

紫色确实是一种超越边界的颜色——从皇家专用的颜色，到照亮伦敦街道的紫罗兰和淡紫色，并在此过程中改变了科学的进程。它可以是悲伤的，也可以是神秘的、神圣的、古怪的和富有表现力的，它是一种能给国家团结带来希望的颜色。

蒂尔达·斯文顿（Tilda Swinton）身穿拉夫·西蒙斯（Raf Simons）设计的紫色连衣裙出演《我是爱》（*I Am Love*，2009）

Blue 蓝色

电影《穿普拉达的女魔头》(*The Devil Wears Prada*, 2006)，讲述了一家顶级时尚杂志社的故事，年轻的记者安迪·萨克斯由安妮·海瑟薇(Anne Hathaway)饰演，她嘲笑杂志的总编米兰达·普里斯利【由梅丽尔·斯特里普(Meryl Streep)饰演】，认为时尚界没必要非得在两条明显相似的腰带中作出选择。针对这种嘲笑，这位冷若冰霜的时尚杂志总编辑犀利地点出了安迪那件"笨重的"天青蓝毛衣的起源——这种颜色正是她所嘲笑的时尚界人士作出的选择。"你不知道的是，那件毛衣不仅仅是蓝色的。它的颜色不是绿松石色，也不是青金石色。它实际上是天青蓝"，她说。然后她一口气说出了许多以天青蓝为主打色的设计师系列，并告诉她，这种颜色是如何慢慢进入了百货商店和折扣店的。"这一切看似滑稽，你以为你可以远离时尚，与它没有任何瓜葛，实际上，就连你身上穿的毛衣也是这个房间里的人从一堆东西中为你挑选的"。

　　这段对话成为电影中最令人难忘的经典片段之一，它唤起了蓝色的力量和一段沉重历史，为了获得蓝色，人们付出了战斗和牺牲。这段对话还帮助人们注意到天青蓝，一种介于淡青色和天蓝色之间的色调。1999年，这种颜色因其宁静的特质被Pantone（国内译作彩通或潘通）公司提名为千禧年的颜色，据说它源自拉丁语"caelulum"，意为"天堂"或"天空"。在大卫·霍克尼（David Hockney）的画作和斯利姆·亚伦（Slim Aarons）的照片中，天青蓝让人联想到洛杉矶的游泳池，清凉的海水和蓝天，唤起了慵懒的快乐。

　　在许多文化中，蓝色将天空与天堂的概念联系在一起，在法语中，天蓝色被称为"bleu celeste"，翻译成"天堂蓝"。印度教的神奎师那（Krishna）、湿婆（Shiva）和罗摩（Rama）都有蓝色的光环和皮肤，蓝色将他们连接到无边无际的天空和海洋。对古埃及人来说，蓝色是尼罗河和埃及宇宙之神阿蒙拉（Amun-Ra）的颜色，人们喜爱蓝色的珠宝，这种颜色被认为可以驱除邪恶，带来繁荣。

　　闪亮的蓝色珠子和项链是用人工的群青颜料制成的，这被认为是已知最古老的合成颜料，大约起源于公元前3300年。它是由铜屑加热后与沙子和钾融合而成，被广泛用于装饰艺术。埃及人称它为"hsbd-iryt"，罗马人称它为"caerulum"或"埃及蓝"（Egyptian blue）。

　　虽然罗马人看重埃及蓝色的壁画和陶瓷，但很少有人穿蓝色的衣服，在他们的眼中，蓝色代表北方部落的野蛮。当尤利乌斯·恺撒在公元前55年入侵英国时，他形容古苏格兰人，即皮克特人被涂成蓝色。他说，他们"全身涂满菘蓝，以增强他们的勇猛。他们留着长发，除头发和上唇的胡须外，全身都剃光了"。

几个世纪后，蓝色转变为一种最受爱戴和珍视的颜色，不再被低估，不再被贬损。在20世纪，从世界各地的武装部队，包括美国海军和皇家空军，到空乘人员和商业飞行员，蓝色成为最受欢迎的制服颜色，因为它象征着稳定和力量。正如肖恩·亚当斯（Sean Adams）在《设计师的色彩词典》（*The Designer's Dictionary of Color*，2017）中所写："如果被问到logo的颜色，大多数客户会建议蓝色。它传达的是诚实和忠诚。"

靛蓝和菘蓝

在纺织品的历史上，蓝色扮演着重要的角色，从丧服的染色纱线到Levi's和Lee Rider牛仔裤独特的水洗风格。作为最不褪色的染料之一，靛蓝的叶子在亚洲、非洲和美洲已经被使用了6000多年。靛蓝是跨大西洋奴隶贸易的基石，铸就了欧洲帝国的强大，繁荣了美国的种植园。

用靛蓝染色的最古老的纺织品大约可以追溯到公元前4200年，2016年，在秘鲁华卡的一个墓地，发现了一块带有蓝色条纹的棉织物碎片。在这一发现之前，人们认为最古老的靛蓝织物可以追溯到公元前2400年的古埃及，当时人们用蓝色条纹亚麻布包裹木乃伊。

"靛蓝"（indigo）一词来源于希腊单词"indikon"和拉丁单词"indicum"，两者的意思都是"来自印度"。至少5000年前，靛蓝就在印度西北部的印度河流域被种植。接下来几个世纪，靛蓝沿着丝绸之路从印度传到欧洲，碾碎的树叶，揉成球形，或将树叶发酵制成干蛋糕的形状。

靛蓝染色是一个复杂的过程。将靛蓝植物的叶子浸泡在水中，促进细胞分解，色素释放，产生靛蓝素。为了确保染料能固定在织物上，在色素中混合加入石灰、木灰等碱性化合物。缸里的氧气也必须被抑制，传统上染色师会添加糖料以促使细菌滋生，但到了18世纪，染色师在制作中引入了铁化合物。根据很多传统配方，配制染料，需要添加陈旧的尿液，使其呈碱性。

当织物浸入缸中时，一开始它呈现绿色，因为无氧溶液暂时改变了颜料的化学结构。但当它与氧气接触时，色素就会变成深蓝色，随着分子膨胀，它就会黏附在织物的纤维上。

在靛蓝传入欧洲之前，蓝色染料来自当地的菘蓝（woad）。菘蓝是一种十字花科植物，是卷心菜家族的一员。考古发现，早在新石器时代（约公元前8000年至公元前3000年），欧洲就开始种植菘蓝，北欧人用它作为衣服的染料。当时的染料制作过程非常漫长，与制作靛蓝相似，首先将植物叶碾碎，在尿液中发酵几周，制成糊状，然后成型为圆形蛋糕状，便于长途运输。

因为从菘蓝中提取的蓝色染料比靛蓝的颜色要淡，而且容易洗掉，使用者不多，所以它没有列入有关限制奢侈服装的法律，使用不受限制，使用者大多为穷人。然而，当它与红色染料混合时，它可染出黑色和紫色，与黄色染料结合时，可以染出绿色。到了1230年代，随着印染业的发展，菘蓝加工达到了一定的工业规模。

在中世纪，蓝色成为流行色，部分原因是受到12世纪圣母玛利亚（Virgin Mary）艺术绘画的影响，画中她穿着明亮的蓝色长袍，这种蓝色颜料来自一种阿富汗进口的珍贵岩石，叫作青金石（可以做成群青颜料）。当时教堂的彩色玻璃窗上也使用一种比黄金还值钱的昂贵颜料，为玛利亚增光添彩，例如沙特尔大教堂的贝尔圣母院装饰着钴蓝色玻璃。蓝色也被广泛应用于艺术大师的画作，包括威尔顿（Wilton D）双联画，国王理查二世和圣母玛利亚及11个天使，后者的色调是美丽的深蓝色，也被称为"玛丽安蓝"。

在使用青金石作为颜料的同时，染工们也在学习如何有效地使用菘蓝。到了13世纪，蓝色与红色相抗衡，成为欧洲皇室和贵族们争相使用的颜色。文艺复兴时期技术娴熟的意大利染匠开发出更多的染料和媒染剂，基于靛蓝的制作技术，开发出一系列深浅不同的蓝色。

到了17世纪，英国和法国在西印度群岛的殖民地建立了靛蓝种植园，进一步推动了奴隶劳工贸易的发展。自11世纪以来，靛蓝在西非文化中扮演着重要的角色。对约鲁巴人来说，靛蓝是一种熏香，燃烧时的轻烟能驱除恶灵，还被用作防腐剂、皮肤和头发的美容增强剂。约鲁巴人以栽培和使用靛蓝染色而闻名，妇女尤其以绘有靛蓝图案的"阿迪尔蓝染布"（adire）而闻名。公元1000年左右，豪萨卡诺王国建立，利润丰厚的靛蓝染料由王室的嫔妃们控制，她们用靛蓝布作为货币。几个世纪以来，商队满载着价值连城的货物，包括靛蓝和黄金，由骆驼拉着穿过撒哈拉沙漠。到了17世纪，他们每次带着500个奴隶来到海岸，运往美国的

古埃及胸盾，公元前5 — 4世纪

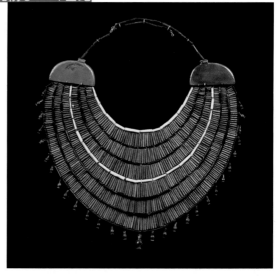

马里图阿雷格部落的一员

殖民地。

图阿雷格族是一个半游牧民族，几个世纪以来一直居住在撒哈拉沙漠的绵延地带，以经商为业。他们有一个悠久的传统，在头和脸周围佩戴靛蓝色的薄纱（tagelmust），也被称为"缠头布"（litham）。靛蓝色粉末与山羊脂肪混合，浸染布匹，同时也涂抹在脸部和手上，由此得到一个绰号，"蓝人"。

当约鲁巴人被掳掠运过大西洋时，他们带来了种植和染色靛蓝的知识。18世纪中期，南卡罗来纳州成为主要的靛蓝生产地，当地一位种植园主16岁的女儿伊丽莎·卢卡斯（Eliza Lucas）偶然发现了靛蓝种子，并很快发现她的奴隶们知道如何生产这种染料。她意识到欧洲对靛蓝的需求很大，她说服了其他农民，广泛种植靛蓝。随着美国独立战争的爆发，南卡罗来纳的种植户向欧洲出口了110万磅靛蓝。靛蓝在奴隶贸易中发挥了如此重要的作用，以至于美国废奴主义者和贵格会教徒在反对奴隶制的运动中号召抵制靛蓝和棉布。

18世纪的法国宫廷，当靛蓝从西印度群岛殖民地进口时，蓝色成为精致的礼服和装饰的最受欢迎的颜色。路易十五国王的情妇德·蓬巴杜夫人（Madame de Pompadour）经常在头发和长袍上佩戴蓝色的勿忘我花，作为对路易十五国王忠诚的象征。玛丽·安托瓦内特同样为她的法兰西长丝绸袍染上了矢车菊蓝色。1783年美国革命后，英国失去了在美国的立足点，它再次转向印度，寻找新的靛蓝生产源。东印度公司残酷地剥削当地工人，因为印度在大陆各地的工厂为英国军队的蓝色羊毛大衣和水手制服制作蓝色的面料。对靛蓝的需求增加到极端高的程度，以至于印度农民，特别是孟加拉地区的农民，都被迫种植靛蓝，而不是其他作物，甚至放弃了粮食的种植。农民们陷入了不断增加的债务之中，这些债务代代相传，英国国王为获得靛蓝给出的低廉价格，让他们永远无法摆脱债务的困境。

1859年，在孟加拉的纳迪亚地区，数千名靛蓝农民起来反抗东印度公司商人的压榨。靛蓝起义在被军方暴力镇压之前，已蔓延至其他村庄。1860年，孟加拉管理机构成立了靛蓝委员会，调查起义的起源，据说"没有一箱靛蓝不沾满鲜血"。

1856年，威廉·珀金发现苯胺染料，之后，一位名叫阿道夫·冯·拜耶（Adolf von Baeyer）的德国化学家开始研制一种合成靛蓝，终于在1880年研制成功。直到1897年，一种具有商业价值的染料被开发出来，这导致天然靛蓝染料的需求急剧下降，从1897年的19000吨下降到1914年的1000吨。

随着天然靛蓝市场的崩溃，印度农民的处境变得更加绝望。受到早年靛蓝起义的启发，1917年，在比哈尔邦北部的查姆帕兰圣雄甘地举行了第一次非暴力抵抗运动演讲，激励那些被奴役的靛蓝工人。甘地的行动唤起了公众的意识，最终导致了靛蓝种植园的彻底改革。

蓝色的新时尚

1705年左右，瑞士油漆制造商约翰·雅各布·迪斯巴赫（Johann Jacob Diesbach）在配制胭脂红时，偶然发现了一种合成的蓝色颜料：颜料中加入硫酸铁和钾盐后，变得不溶。当这批产品变成粉红色，然后变成紫和蓝色时，他发现发生反应的原因是钾盐被一种称为"骨油"的有毒物质污染。他将自己的发现命名为"普鲁士蓝"，很明显这可能是新的埃及蓝，其配方早已失传。

1750年，普鲁士蓝作为一种突破性的纺织品染料被制造出来，用于制作理想的蓝绿色色调，并被广泛用于强大的普鲁士军队的制服。这种新的忧郁蓝色颜料很快被包括安托万·瓦图（Antoine Watteau）在内的画家所采用，一个世纪后，日本艺术家葛饰北斋创作了标志性作品《神奈川的大浪》（1830—1832），荷兰画家文森特·凡·高（Vincent van Gogh）的《星月夜》（1889），也使用了这种蓝色。

普鲁士蓝的发明引发了人们对蓝色衣服的狂热追捧，到了19世纪，天然和合成染料被用于各种深浅的蓝色长袍。维多利亚和阿尔伯特博物馆收藏的一件浅蓝色梭织条纹连衣裙，由一位名叫伊莎贝拉·鲍希尔（Isobella Bow-hill）的女士穿着，参加了1862年的国际展览会，展示了苯胺染料的最新发明。伦敦的公园和沙龙里，到处是色彩鲜艳的丝绸长袍，让人眼花缭乱，蓝色是最受欢迎的颜色之一。从带绿的绿松石色到鸭蛋色、钴蓝、海军蓝和午夜蓝，蓝色被认为是任何季节的通用色。在1870年出版的《礼服的颜色》（*Color in Dress*）一书中，作者威廉·奥兹利（William Audsley）和乔治·奥兹利（George Audsley）将蓝色描述为"一种冷淡的颜色……象征着神性、智慧、真诚和温柔"。

托马斯·爱迪生（Thomas Edison）和约瑟夫·斯旺（Joseph Swan）发现了电，引发了电蓝色（也叫铁蓝色）的潮流，1892年2月的《年轻女性杂志》提到了一件"电蓝色花式锦缎布"制作的裙子。它被认为是现代性的极致，为技术创新开辟了无数新的可能。大约150年后，在2019年10月悉尼电影《国王》（*The King*）首映式上，蒂莫西·查拉米特（Timothée Chalamet）穿着海德尔·阿克曼（Haider Ackermann）设计的闪闪发光的电蓝色束腰外衣和裤子，成为最具时尚前卫感的演员之一。该片讲述了17世纪70年代两个艺术时刻，讲述了男性蓝色西装变革的故事。

蓝色的悲伤和力量

1774年，约翰·沃尔夫冈·冯·歌德（Johann Wolfgang von Goethe）出版了他的文学巨著《少年维特之烦恼》，讲述了一位敏感的艺术家，被自己严重的单恋情结所逼而自杀。维特被描述为身穿蓝色燕尾服、黄色背心和马裤。在这个故事大受欢迎的背后，年轻人开始穿上他们自己的蓝色外套。更重要的是，人们仿照小说，用瓷器装饰场景，发布维特香水，设计维特服装，刊登在时尚书籍的页面上。

这是一种被称为"维特热"的现象，作为一本带来"道德恐慌"的书籍，《少年维特之烦恼》被认为是造成年轻人自杀潮的罪魁祸首，导致哥本哈根和莱比锡禁止穿维特蓝外套。这本书，以及维特的风格，对浪漫主义运动的诗人和艺术家尤其有影响，在浪漫主义运动中，蓝色适合悲伤的主题。歌德在1810年出版的《色彩理论》（*Theory of Colours*）中探讨了他对色彩的看法，他说："我们喜欢思考蓝色，不是因为它向我们走来，而是因为它吸引我们去追随。"

1770年，托马斯·盖恩斯伯勒（Thomas Gainsborough）创作了油画《蓝色男孩》（*The Blue Boy*），男孩所穿的衣服是艺术界最知名的蓝色套装之一，其原名为《一位年轻绅士的肖像》（*A Portrait of a Young Gentleman*）。这幅画中闪亮的蓝色套装渗透了流行文化，激发了一系列模仿和戏仿的灵感，从F.W.穆尔诺（F.W. Murnau）1919年的德国表现主义电影《蓝色男孩》（*The Boy in the Blue*）到奥斯汀·鲍尔斯（Austin Powers）的露营蓝天鹅绒套装（带轻薄的白色领子和袖口），年轻男人认为自己是蓝色男孩的化身。

昆汀·塔伦蒂诺（Quentin Tarantino）的电影《被解救的姜戈》（*Django Unchained*，2012年）中也涉及了蓝色西装，它表现了姜戈【杰米·福克斯饰（Jamie Foxx）】从俘虏到救世主的转变，从穿着不让人待见的破布到最华丽的

*1. 杰米·福克斯出演昆汀·塔伦蒂诺的《被解救的姜戈》，2012年
*2. 2019年，蒂莫西·查拉米特在澳大利亚悉尼参加《国王》的首映式

时尚。一旦他有了自由，他就可以用对他来说真实的方式表达自己。

逃离奴隶制后，姜戈选择了一套蓝色天鹅绒灯笼裤套装和一件蕾丝衬衫，这是维多利亚时期流行的风格，被称为"方特洛伊男爵套装"。虽然这套衣服在观众看来很滑稽，特别是考虑到杰米·福克斯自己在银幕下的时尚和阳刚，但它也有助于让他在一个身份被压制的世界里清晰可见。电影的服装设计师雪伦·戴维斯（Sharen Davis）说："男仆的蓝色套装是自由的象征。"

肯德拉·N.布莱恩特（Kendra N.Bryant）在她的论文《西部黑人超级英雄救世主的塑造：姜戈的蓝色天鹅绒方特洛伊西装》中，将《被解救的姜戈》描述为"就像嘻哈文化一样，充斥着政治正义、艳丽，令人不安，其中，非裔美国人穿着华而不实的奇装异服和配饰，以宣布他们在白人父权制美国的存在，而白人父权制度往往认为他们是隐形的"。

1766年，废奴主义者奥劳达·埃奎亚诺（Olaudah Equiano）为自己赎身后定居伦敦，他在回忆录中描述了蓝色西装的力量。1745年他出生在贝宁王国埃萨卡村，童年时曾被奴役，他被运送到加勒比海，在那里被一名皇家海军军官买下。最终，他在1766年获得了自由，他最渴望的是获得一件新衣服，"从我的钱中省下8英镑多，买了一套超精细的蓝色斗篷，在舞蹈中欢庆自由"。有机会穿上他的蓝色西装，"博览会和黑人立即给我起了一个新的称呼，对我来说是世界上最受欢迎的，那就是自由人"。

在回忆录中，他暗示，他对蓝色西装的热爱来自他的祖国的传统，在那里，埃萨卡的男女都披着一条宽松的印花布或平纹细布，或将其裹在身上。他写道："这通常是染成蓝色的，这是我们最喜欢的颜色。它是从浆果中提取的，比我在欧洲见过的任何一种颜色都要明亮和丰富。"这种浆果可以作为靛蓝、青紫蝴蝶兰色的替代，也被称为"约鲁巴靛蓝"，这种浆果的果实和叶子都可制作蓝色染料。

正如浪漫主义者推崇维特的外套一样，蓝色通常也被认为是悲伤的颜色，感觉"蓝色"一词被认为是指船上升起的蓝色旗帜，表示船长或军官在航行中死亡。到19世纪末，非裔美国人已经发展出"布鲁斯"音乐作为一种表达他们情绪状态的音乐形式。从那里开始，蓝色与音乐联系在一起，表示一种沮丧和内心痛苦的感觉。也许靛蓝和棉花不仅使黑人遭奴役了几个世纪，也对音乐产生了影响。

真蓝色牛仔

李维·施特劳斯（Levi Strauss）是一位来到纽约的18岁的年轻德国犹太商人。1853年，他前往加利福尼亚州，利用淘金热，向西行先驱者们兜售家族干货和产品。施特劳斯的常客之一，内华达州一位名叫雅各布·戴维斯（Jacob Davis）的裁缝，已经开始用法国尼姆斯的耐用棉斜纹布为他的一些客户制作流行的工作服，这种斜纹布后来被称为

"serge de Nimes"或"denim"（中文叫丹宁，也叫牛仔布）。戴维斯向他的牛仔布供应商施特劳斯提出了一个共同经营的建议，并于1873年获得了一项专利，发明了一种用铜铆钉加固的耐磨"腰部工装裤"。由于牛仔布染色困难，施特劳斯选择了南卡罗来纳州的标准靛蓝，因为它更便宜，能经受多次洗涤而不褪色。

靛蓝对于牛仔布的吸引力至关重要。因为牛仔布是斜纹织物，纬纱未染色，经纱以靛蓝染色。耐用的一面被染色，而反面几乎是白色的。随着时间的推移，靛蓝逐渐褪色，它与纱线的白色线芯形成对比。道格拉斯·卢汉科（Douglas Luhanko）和科尔斯汀·纽穆勒（Kerstin Neumuller）在《靛蓝》（Indigo）一书中写道："任何牛仔服装的磨损都能让人了解穿着者的经历。""他们的生活在牛仔裤上留下了痕迹，无论是19世纪在美国用镐头寻找幸福的人，还是今天在公园里因滑稽动作弄伤膝盖的小孩子们，他们的生活都会留下痕迹。"

蓝色牛仔装成为农场、牧场和矿山工作的实用服装，到20世纪初，Levi Strauss还有两个主要竞争对手——Lee Jeans和Blue Bell Overall Company（后更名为Wrangler）。它们的受欢迎程度得益于好莱坞制作的西部片和随后在电视上播出的西部片，同时也与20世纪30年代兴起的种马场度假的趋势有关。围绕着穿着耐用工作服的牛仔，它们创造了一个个浪漫的神话。

    第二次世界大战后，随着"蓝领工人"的制服被叛逆的年轻人所接受，牛仔裤充满了反文化的象征意义。这就是人类学家泰德·波希穆斯（Ted Polhemus）所说的早期"穿便装"的例子，中产阶级穿着工人阶级的衣服，蓝色牛仔服的实用性不仅体现在牧场上，它也适合用作警察、邮政、运输等行业的制服。

    在电影《无因的反叛》（Rebel without a Cause，1955）中，詹姆斯·迪恩（James Dean）穿着他标志性的红色风衣和白色T恤，而蓝色浸染工艺制作的Lee 101Z Riders牛仔裤，使其整体造型更加时髦。作为研究的一部分，服装设计师莫斯·马布里（Moss Mabry）在洛杉矶的高中待了几天，观察穿着牛仔裤的青少年的着装和风格，为了迎合青少年的需要，服装部门对400多条Levi's牛仔裤进行了做旧处理。华纳兄弟公司的一份宣传声明称："据了解，穿Levi's的高中男生总是先把裤子弄脏，然后洗三四次，让它看起来很旧。"与焦虑的制片人吉姆·斯塔克（Jim Stark）一样，詹姆斯·迪恩代表了整整一代年轻人，他在1955年英年早逝前的三部电影中都穿着蓝色牛仔裤，这让它成为了一代人的象征。

    之前牛仔裤与辛勤工作和勇气联系在一起，成为牛仔开拓精神的象征，而现在它与危险和性联系在了一起，并导致了摇滚乐和电影的道德恐慌，这些音乐和电影里描绘了穿着牛仔服的青少年。正如莫林·埃德加（Morin Edgar）在

1960年出版的《恒星：电影中的恒星系统》一书中所写，"詹姆斯·迪恩定义了人们可以称之为青春期的全副打扮，衣柜里表达了对社会的整体态度：蓝色牛仔裤、厚毛衣、皮夹克、无领带、无扣子衬衫、故意邋遢，这些都标志了对成人世界的社会习俗的抵制。"女性也纷纷穿上蓝色牛仔裤，玛丽莲·梦露和伊丽莎白·泰勒等明星为它们灌输了女性的性感，因为牛仔裤紧贴着她们的曲线。

从1964年到1975年，Levi Strauss 的销售额从每年1亿美元增长到10亿美元，靛蓝染料的短缺给面料供应商造成了很多困难。在越南战争时期，紧身牛仔裤代表了性解放和自由，带有城市和摇滚乐的反文化潮流色彩。1973年，Levi Strauss的总裁彼得·E.哈斯（Peter E.Haas）表示："把工作服提升到高级时装，令人诧异，但我们并不反对。"

20世纪70年代和80年代，随着摇滚乐的盛行，牛仔裤搭配牛仔夹克再次成为一种颠覆性的叛逆造型，黛比·哈里于1978年在舞台上穿着牛仔裤。1984年，Levi's推出了很有影响力的"501 Blues"电视宣传活动，将牛仔裤的蓝色色调与流行的布鲁斯音乐相结合，提升了该品牌的声誉，使其成为具有反文化的时尚品牌，并使其销售额在20世纪90年代稳步攀升。在20世纪90年代早期的颓废文化时代，蓝色牛仔与清爽的白色结合在一起，德鲁·巴里摩尔（Drew Barrymore）和维诺娜·莱德（Winona Ryder）等明星以及辛迪·克劳馥（Cindy Crawford）在1992年百事可乐广告

*1. 莉佐（Lizzo）出席费城2019年美国制造节

*2. 1942年航空运输辅助队（ATA）的女飞行员。从左到右：丽蒂丝·柯蒂斯（Lettice Curtis）、珍妮·布罗德（Jenny Broad）、温蒂·塞尔·巴克（Wendy Sale Barker）、加布里埃尔·帕特森（Gabrielle Patterson）和波林·高尔（Pauline Gower）

*3. 詹姆斯·迪恩拍摄《巨人传》（Giant,），1955年

中都穿上了蓝色牛仔装，所有这些都进一步提升了牛仔服简单性感的魅力。

小甜甜布兰妮（Britney Spears）和贾斯丁·汀布莱克（Justin Timberlake），这对千禧年风靡全球的明星情侣，身着情侣牛仔装出席了2001年美国音乐大奖，汀布莱克身着牛仔礼服搭配牛仔帽，小甜甜布兰妮身着无肩带牛仔裙，当时被认为是他们作为情侣首次公开露面的噱头。这是牛仔的酷元素爆棚的时刻。"如果你的服装造型是den-im-on-denim（牛仔加牛仔风格），这种搭配会让你'载入史册'。你知道吗？我甚至认为我再也不能那么备受瞩目了。"汀布莱克后来回忆道。

拉娜·德雷唱着《蓝色牛仔裤》（*Blue Jeans*）作为对詹姆斯·迪恩式恋人的颂歌，在对千禧年风格怀念的背后，2010年代的设计师让denim-on-denim重新流行起来，看似有点玩笑的意味。凯蒂·佩里（Katy Perry）在2014年视频音乐奖上穿着Versace的高级定制牛仔长裙向布兰妮·斯皮尔斯致敬，而与其同行的嘻哈明星里夫·拉夫（Riff Raff）

则是一身汀布莱克风格的打扮。玛丽亚·格拉齐亚·齐乌里（Maria Grazia Chiuri）在 Dior 2018 年春夏成衣系列中纳入了忧郁的蓝色丹宁布制作的牛仔裤和牛仔夹克。在 2019 年的美国制造节上，流行歌星莉佐（Lizzo）还以褪色牛仔热裤和紧身胸衣诠释双牛仔的造型。

从海军蓝到空军蓝

第二次世界大战期间，当时装设计师曼波切（Mainbocher）受委托为美国海军的女性分支 the WAVES（女子预备队）设计制服时，他的海军蓝色套装令人垂涎欲滴，导致该军种的申请人数增加。对许多女性来说，这是她们第一次有机会拥有一件由著名服装设计师设计的、剪裁精美的服装，深蓝色被认为比女兵的卡其色更具吸引力，彰显出一种专业、时尚的外观和态度。

同样，对于航空运输辅助公司的英国女飞行员来说，她们的蓝金双色的夹克和裙子创造了一种活力，使她们总能享受到一流的服务，如餐厅里、巴士上最好的桌子和座位都给她们留着，她们身穿的制服总能招来特殊服务。正如航空运输辅助队飞行员杰基·索洛（Jackie Sorour）所说，当她试穿莫斯兄弟公司（Moss Brothers）的"华丽"制服时："很突然，我意识到自己并不难看……这是我有生以来第一次走在街上引来无数人的回头。"

制服的蓝色基调代表皇家空军的颜色；这是一件从卡

其布制服的英国陆军中脱颖而出的高级制服，英国陆军成员被侮辱性地称为"棕色工作"。英国皇家空军英雄科林·霍皮·霍奇金森（Colin "Hoppy" Hodgkinson）在1938年的一次空难中失去了双腿，1942年被派往131中队时，他感觉康复了。他在自传中写道："空军蓝，当时世界上最耀眼的颜色……我抚平了左胸口袋上方的翅膀，恰如站在镜前精心打扮的女模特。天哪！现在没有什么能阻止我了。我无法抗拒！"

战时以外，泛美航空乘务员的制服是女性最梦寐以求的制服之一，她们在抵达世界各地的酒店时受到了明星般的待遇。1944年，泛美航空公司雇用了首批七名空姐，史密斯格雷公司设计了一套浅蓝色的制服，并以泛美航空第一任首席空姐伊丽莎白·突尼斯（Elizabeth Tunis）的名字，将其称为"突尼斯蓝"。空姐制服的声望非常高：传奇的好莱坞时装设计师霍华德·格里尔（Howard Greer）于1944年受委托设计了环球航空公司（1950年之前叫跨大陆及西部航空公司）的制服，他选择了浅灰蓝色。克里斯托巴尔·巴伦西加（Cristóbal Balenciaga）于1969年受委托为法国航空公司设计了海军蓝羊毛哗叽夹克和裙子。同年，埃文·皮科内（Evan Picone）重新设计了泛美航空公司的制服，打造了一件"超级喷气蓝"马甲、裙子和圆顶礼帽，预示着首批波音747飞机的到来。泛美航空的制服完美地体现了喷气时代的魅力，与公司的半球形标志相匹配，展现了无边界的地球。

蓝色的地平线

刘易斯·卡罗尔（Lewis Carroll）的《爱丽丝漫游仙境》（1865）中的女主人公，戴着头巾，身穿天蓝色连衣裙，系着白色围裙，穿着长袜，脚上一双玛丽珍鞋。她穿着这样的装束开始了她的仙境漫游，她的服装不仅标志着她是一个年轻的女孩，而且也象征着她的生活潜力，因为她走出了自己的界限，去探索一个"好奇和更好奇"的新世界。

爱丽丝并不总穿蓝色的衣服——1890年，她换上了一件黄色的连衣裙，这是E.格特鲁德·汤姆森（Gertrude Thomson）为卡罗尔的儿童故事简写版制作的彩色插图，名为《爱丽丝幼儿园》（*The Nursery "Alice"*），但到1911年，当麦克米伦出版了哈里·瑟克（Harry Theaker）的16张彩色插图时，蓝色成为爱丽丝连衣裙的常用颜色。1951年，艺术家玛丽·布莱尔（Mary Blair）为迪士尼改编的这部电影设计了一个当代的新造型剪影。她为这条裙子涂上了爱丽丝蓝，这是一种以罗斯福总统的女儿爱丽丝·罗斯福（Alice Roosevelt）命名的颜色。"1919年的热门歌曲《爱丽丝蓝长袍》（*Alice Blue Gown*）就是以"爱丽丝蓝"为灵感创作的。由于迪斯尼版本的流行，梦幻般的蓝色爱丽丝得以牢固确立。然而，1980年斯坦利·库布里克（Stanley Kubrick）拍摄了影片《闪灵》，塑造了古怪精灵的格雷迪姊妹（Grady Twins），她们也穿着蓝色衣服，与穿着蓝色连衣裙、天真无邪的爱丽丝形成鲜明对比。

2003年，*Vogue*杂志委托安妮·莱博维茨（Annie Lei-bovitz）为模特纳塔利·沃佳诺娃（Natalia Vodianova）拍摄了11件特制的蓝色连衣裙，制成22幅以"爱丽丝"为主题的活动广告，其中沃佳诺娃饰演的爱丽丝，以"仙境"为灵感，拍摄了一系列照片，还有她与设计师的合影。其中包括一件Viktor&Rolf的多层丝绸连衣裙、一件Christian Lacroix为疯帽匠茶会准备的蓝色连衣裙，以及一件Tom Ford为Yves Saint Laurent Rive Gauche左岸香水设计的天蓝色缎面连衣裙。

同年，格温·史蒂芬妮（Gwen Stefani）录制了音乐视频《你等什么？》，塑造了一个朋克形象的爱丽丝。她穿着John Galliano和Vivienne Westwood的定制款粉蓝色紧身衣和迷你裙。史蒂芬妮的这张专辑《爱，天使，音乐，宝贝》的概念有争议地借用了日本的洛丽塔亚文化时尚，而洛丽塔亚文化又是受到维多利亚时代的爱丽丝仙境的启发。这张唱片是史蒂芬妮加入No Doubt乐队十年后，发表的第一张个人专辑。《你等什么？》这首歌探索了她在单飞时的犹豫，这是她迈向未知领域的勇敢一步，她以爱丽丝为灵感，穿上天蓝色服装，迈出了这一步。

在普通人的意识中，男孩经常与蓝色联系在一起，但在文学作品中，敢于冒险的女孩也与蓝色相联系，在动画和电影中她们常常穿着蓝色连衣裙走出舒适区，寻找自由和冒险的感觉。蓝色，无垠天空的颜色，表明了她们的潜力，她们可以探索超越她们所居住的世界的边界。同样，另一件著名的蓝色连衣裙是多萝西在《绿野仙踪》（1939年）中穿的格子连衣裙，当时她正从深褐色的堪萨斯州被运送到色彩鲜艳的奥兹之地。服装设计师阿德里安（Adrian）的挑战是让17岁的朱迪·加兰（Judy Garland）显得更年轻，因此，他选择了一种在阿巴拉契亚采购的蓝色方格布料制作演出服，使她成为一个旅行中的女孩。

在迪士尼的《美女与野兽》中，贝尔是一位贪婪的读者——这是她探索法国小村庄之外的世界的唯一途径。她的蓝色农家服，套在白色工作服上，配上白色围裙，象征着等待她的新生活。在2017年真人版电影中，杰奎琳·杜兰（Jacqueline Durran）根据1990年动画的原创设计，为艾玛·沃森（Emma Watson）设计了服装。她说："淡蓝色有一种精致和清爽的感觉，但工作服中也有蓝色。""这是一种实用的颜色，也是一种你可以使用的颜色。从这个意义上说，它充满了活力。"

另一位渴望更多的女性是《一个明星诞生》（A Star is Born，2018）中的角色艾丽。在激动人心的结局中，服装设计师埃林·贝纳赫（Erin Benach）定制了一件礼服，在艾丽表演的"我永远不会再爱"中，这件礼服被称为"知更鸟蛋蓝"。灵感来源于格蕾丝·凯利（Grace Kelly）1955年奥斯卡颁奖典礼中所穿的礼服，它虽然简单，但很有感染力，并且不会带走最后一幕的情感冲击。贝纳赫说："我们知道这是电影的情感顶点，一旦你给她做了一个真正强大的设计，它就从那一刻开始消失了。"这条裙子的颜色还可以追溯到朱迪·加兰在1954年拍摄的电影中穿的一件天蓝色舞会礼服，这标志着艾丽到达了她一直在寻找的明星的地平线。1955年，格雷斯·凯利凭借《乡下姑娘》(The Country Girl) 击败朱迪·加兰夺得奥斯卡最佳女主角，当时她身穿一件冰蓝色公爵夫人缎面礼服出席奥斯卡颁奖典礼。她的礼服被认为是仪式的亮点，八卦专栏作家赫达·霍珀（Hedda Hopper）在《洛杉矶时报》上称她"像梦游一样"。它是由派拉蒙电影公司的服装设计师伊迪丝·海德（Edith Head）设计的，凯利在1955年向《影戏》(Photoplay) 讲述她"想要的蓝色"衣服。海德曾为凯莉设计了一件以德尔菲为灵感的天蓝色雪纺长袍，这件礼服是阿尔弗雷德·希区柯克的《捉贼记》(To Catch a Thief, 1955年) 中的一件，符合20世纪50年代希腊长袍的流行趋势，并凸显了她是一位极受欢迎的"希区柯克金发女郎"。这件衣服也表明了她饰演的角色弗朗西渴望拓展视野，因为她在协助抓捕一名珠宝窃贼时感到兴奋，该窃贼的目标是科特迪瓦的富人。

丽贝卡·索尔尼特（Rebecca Solnit）2005年的论文《伊夫·克莱恩与距离之蓝》考察了艺术家伊夫·克莱因（Yves-Klein）对蓝色精神的运用，即"精神、天空、水、非物质和遥远"的颜色。1957年，克莱因申请了一种名为"国际克莱因蓝"的颜色专利，这标志着他的蓝色时代的开

*1

*1. 斯坦利·库布里克的《闪灵》（1980）中的格雷迪姐妹
*2.2019年第76届金球奖颁奖典礼上的Lady Gaga
*3.格雷斯·凯利在阿尔弗雷德·希区柯克的《捉贼记》（1955）中，身着伊迪丝·海德设计的长袍

*2

*3

始。和泛美标志一样，他的《蓝色地球仪》（*Blue globe*，指le Globe terrestre bleu RP 7）描绘了一个人为边界已经被根除的世界。索尼特（Solnit）在2005年出版的《迷失的野外指南》（*A Field Guide to Getting Lost*）中说：

> "地平线上的蓝色，陆地上似乎正在消融到天空中的蓝色，是一种更深、更梦幻、更忧郁的蓝色，在你能看到的最远的地方，是数英里之外的蓝色，距离的蓝色。这种光不触及我们，不会传播整个距离，失去的光给我们世界的美丽，其中大部分都是蓝色"。

尽管蓝色与悲伤情绪有关，但它被认为是忠诚、真实和平静的颜色，因为它代表了天空和海洋之间的空间。也许这就是为什么它经常被选为最受欢迎的颜色。

*1. Givenchy, 2018春夏系列
*2. Dolce & Gabbana, 2016秋冬系列。灵感来自《爱丽丝梦游仙境》

Green 绿色

从性欲、幻想到恶魔般的诱惑和毒性，绿色着装是一种令人震惊的颜色选择。它魅力四射，但置于边际之上——暗示着危险和诱惑，或者暗示着活力和死亡之间的对比。虽然深色的无绒布和祖母绿色调的天鹅绒让人联想到奢华和时尚，但绿色与自然、健康、森林和花园的联系最为紧密。正如博物学家约翰·缪尔（John Muir）曾经说过的那样，"大自然在它绿色、宁静的树林中治愈和抚慰了所有的痛苦"，当我们周围都是绿色时，它可以作为灵魂的润肤霜。

"绿色是平衡与和谐的颜色，"凯伦·哈勒（Karen Haller）在2019年的《一本小小的色彩使用手册》（*The Little Book of Colour*）中写道，"它介于红色的物质性、蓝色的智力性和黄色的情感性之间。本质上，绿色是思想、身体和自我情感之间的平衡"。当我们看到绿色时，便知道水的出现，预示着滋养生命的系统，植物和树木会提供充足的氧气来净化我们的头脑，让我们呼吸。但当我们看到绿色霉菌或有毒物质时，绿色也代表着死亡和腐烂。

绿色与自然的联系可以追溯到古典时代。在古埃及，绿色是再生和生长的颜色，通常由纸莎草芽的象形文字表示。图坦卡蒙墓中发现了一种由孔雀石（一种碳酸铜颜料）制成的颜料调色板，表明生者和死者曾在眼睛周围涂上了绿色粉末，作为重生和抵御邪恶的象征。

罗马人还将绿色与自然界的茂盛联系在一起。绿色被选为代表花园、蔬菜和葡萄园的女神维纳斯，拉丁语中绿色的单词"viridis"也翻译为"年轻""新鲜"或"活泼"。

中世纪的绿色神话

为了逃避法律，罗宾汉（Robin Hood）和他的"快乐男人"乐队藏身于诺丁汉森林，根据他们最早的描述，他们穿着林肯绿色的衣服。大约写于1450年的民谣《罗宾·霍德的手势》（*A Gest of Robyn Hode*）描述了"他们脱下灰衣，换上林肯绿衫时的激动"，表明郁郁葱葱的绿色比农民通常穿的暗褐色和灰色更令人振奋。

中世纪画家经常使用绿色来描绘猎人的衣服，作为一种伪装，穿着它能够藏匿在林地和植被之间。罗宾汉绿色衣服象征着他们融入林间，出没安全。虽然罗宾汉的大部分传说都来自民谣，充满神话色彩，但林肯绿确实是中世纪流行的布料，还有更昂贵的林肯猩红。这种色调被命名为林肯绿，说明林肯是一个主要的布料制造中心，拥有很多熟练的染色工，她们将布料浸入菘蓝桶中，然后再进行黄色套染，创造出自然的绿色。

众所周知，当涉及颜料和染料制作时，绿色很难制作，因此该颜色往往被忽视，取而代之的是更明亮的色调，如红色和蓝色，这些颜色可以用茜草、菘蓝或靛蓝来制作。传统上，绿色布料是用蕨类、车前草、荨麻、韭菜和桤木树皮等植物的天然汁液染色的，但它们很快就会褪色，颜色也不耐洗。对菘蓝进行套染是获得绿色的有效方法，但在中世纪，使用混合染料被看作一种禁忌。

欧洲各地行会对纺织行业做出了严格规定，禁止将染料混合使用，制作复合色。染料商被授予在特定参数范围内工作的许可证，例如只使用黑色或蓝色染料，遵循正确的工艺，生产高质量的产品。为了打击任何违反这些规定的行为，混合染料被宣布为"恶魔行为"。在一些国家，任何被抓着用羊毛染色和套染来制作绿色布料的人都可能被处以巨额罚款，甚至被迫流亡，就像1386年德国汉斯·托尔纳（Hans Tollner）的案例一样。到了1600年，林肯绿已被历史和神话所征服，伊丽莎白时代的诗人迈克尔·德雷顿（Michael Drayton）在长诗《多福之国》（*Poly-Olbion*，1612）中写道，"林肯的古法染成了英格兰最好的绿色"。

15世纪和16世纪，禁止混合染料的禁忌开始松动，在这两个世纪里，通过混合产生鲜艳绿色的染色工艺与植物染料褪色的染色工艺之间出现了明显的技术差异和价格差异。到1500年，坎布里亚的肯达尔镇以大规模生产暗绿色羊毛而闻名，这种羊毛是先用染料木（greenweed，一种欧亚灌木，花簇是黄色的，可用于制作染料）染色，然后再用菘蓝或靛蓝浸染而成。两个世纪后，时尚转向了较亮的萨克森绿，这是由靛蓝和黄颜木提炼的黄色染料（fustic）混合而成的，黄颜木是一种树木，也称为染料桑树，是当时欧洲最流行的黄色染料来源之一。

文艺复兴时期的画家们发现，绿色很不稳定，用它作画时，要么很快褪色，要么变成棕色。由于在织物和绘画中都很难获得浓绿的色调，所以它只为商人及其富裕家庭所使用，因此这种颜色成为财富和地位的象征。在扬·凡艾克（Jan van Eyck）的《阿尔诺芬尼夫妇像》（*Arnolfini*）肖像画（1434年）中，妻子的绿色连衣裙既显示了家庭的财富，也象征着她的生育能力。虽然画中她看起来怀孕了，但仔细观察，她是把几码绿色的布料拽在手中，以展示他们的财富。

　　凡艾克在这幅引人注目的画作上，用铜锈画出了绿布的颜色，铜锈这种物质在旧铜上形成，可以产生一种复杂的、不稳定的颜料。使用时，铜锈经常在与其他颜料接触后褪为棕色，要确保衣服上的绿色尽可能生动，需要一些特别的技巧。当丁托列托（Tintoretto）这样的画家还在为绿色所困扰时，凡艾克已凭借其娴熟的应用技巧赢得了色彩魔术师的声誉。

*1. 但丁·加布里埃尔·罗塞蒂（Dante Gabriel Rossetti）的《维罗妮卡·维罗内塞》（*Veronica Veronese*），1872年

*2. 扬·凡艾克的《阿尔诺芬尼夫妇像》，1434年

*3. 查尔斯·沃斯的晚礼服，1887年

翡翠绿：死亡之色

Chanel的首席女裁缝多米尼克夫人（Madame Dom-inique）在2005年的一部纪录片《香奈儿之家》中谈到"女裁缝不喜欢绿色"。尽管绿色服装在过去几个世纪里大受欢迎，但也有挥之不去的迷信和暗示，认为这种颜色是不吉利和邪恶的。这是因为人们把它称为死亡之色，19世纪的合成化学物质虽然创造了一种引人注目的充满活力的绿色，如舍勒绿（Scheele's green）和巴黎绿，但其中含有大量的砷，会渗入穿着者和裁缝的毛孔。

1775年，瑞典科学家卡尔·威廉·舍勒（Carl Wilhelm Scheele）在研究砷的性质时发现了砷酸铜化合物，自此，绿色染料的故事发生了戏剧性的转变。在把钾和白砷加入硫酸铜溶液中后，他知道自己找到了一种明亮而强大的颜料。它立即成为服装和壁纸、人造花，甚至是祖母绿糖果和牛奶冻等畅销食品的染色剂。舍勒深知他的发现可能有毒，在1777年写给朋友的信中，他表达了他的担忧，但这些明显的危险被合成染料制造商忽视了，他们只考虑其商业化的可能性。仅仅十年后，舍勒本人就死于化学中毒。

1814年，随着另一种基于铜和砷的颜料——巴黎绿的发明，祖母绿风靡一时。每一位拥有时尚资历的富有女性都穿着一件绿色连衣裙，闪闪发光，就像一颗颗昂贵的祖母绿宝石。绿色不仅与财富和奢华品味联系在一起，还与自然和健康联系在一起。18世纪中叶开始的浪漫主义文艺运动期

间，约翰·康斯特布尔（John Constable）等艺术家绘制了
丰富而肥沃的绿色景观，以缓解工业革命时期烟雾弥漫的
城市景观。人们开始意识到体育活动和新鲜空气的好处，而
鲜艳的绿色面料则是令人平静的首选颜色。19世纪中叶另
有一种非常流行的时尚，佩戴精心制作的花环发饰，叶子上
缠绕着肉质鲜美的水果和花朵。这是由36岁的维多利亚女
王引发的一种时尚潮流，当时宫廷艺术家弗兰兹·泽弗·温
特哈尔特（Franz Xaver Winterhalter）用水彩画出了她戴
着叶子和花朵的花环。1856年，巴黎的蒂尔曼夫人（Ma-
dame Tilman of Paris）因其"艺术品味"而被《戈迪夫人
的书与杂志》第52卷提及，她在狭窄的工作室雇用了数千
名工人，以满足人们对绿色发饰的需求。到19世纪50年
代，有报道称，处理绿色染料的工人大多患有手指和手臂疼
痛、恶心、贫血和剧烈头痛等病兆。至于穿着绿色连衣裙的
优雅女性，她们的领口和肩膀周围，或任何与面料接触的皮
肤也会受刺激。

　　事实证明，致命的不仅仅是衣服。1858年，在西约克
郡的布拉德福德，21人因吃了被砷染色的绿色糖果而死亡，
这些糖果是在一个小摊上由发音尖刻的"骗子比利"出售
的。另一个引起新闻界关注的悲惨事件是伦敦的一位制作人
造花卉的年轻女工玛蒂尔达·朔伊雷尔（Matilda Scheur-
er）的死亡，她的工作是在时尚的发饰上撒一层绿色粉末，
使其颜色更加鲜艳。朔伊雷尔于1861年女工去世的报道中

描写了一些惨不忍睹的细节——她的眼白和视力都呈绿色，口吐绿色的液体，最后，她不得不放弃生存的希望，由于她的内脏器官遭到严重损坏，口鼻部位全是疱疹。

类似病例数量激增，对此，医生展开了更广泛的调查，他们对绿色染色织物和壁纸进行了测试，结果发现它们也含有大量的砷。1862年2月，《笨拙》（Punch）杂志以漫画形式反映了人们对绿色的普遍恐惧，漫画中有两具骷髅在舞会上：一个穿着燕尾服的绅士，一个穿着衬裙、戴着有毒发环的女人。标题为"砷士华尔兹：新的死亡之舞"。《笨拙》杂志上的另一篇讽刺文章建议，穿绿色衣服的女性应该挥舞红字："我们认为，如果一个男人和一位身着舍勒绿色衣服的女士跳华尔兹舞或踢球，他就会和他漂亮伴侣的绿裙一样，变成绿色。事实上，穿着这些绿色衣服的女孩应该在她们的背部绣上'危险！'或'当心中毒！'等红色字样。"

1862年，据报道，在汉堡表演《翁蒂娜》（Ondine，又名《水仙女》）的一些芭蕾舞演员因穿着绿色的芭蕾舞服而生病。同年2月，《南安普顿先驱报》刊登了一篇文章，题为"使用含砷衣服和花环"。它说："由这种有毒矿物制成的明亮的植物绿色受到了时尚崇尚者的大肆追捧，大量的年轻妇女和儿童参与了制作和销售，受到了毒素的刺激。这种粉末的挥发性很强，充斥在房间的空气里，这种致命毒药的微粒被吸入每一个鲜活的生灵……所产生的明亮色彩加剧了从业者的辛劳和痛苦。这些有光泽的叶子似乎在嘲笑制造商。他们大肆谈论着美丽、欢乐和愉悦。但每一朵闪光的浪花都是白天缩短生命的指标……以及无法描述的悲惨景象。"

在19世纪60年代，没有人比拿破仑三世美丽的西班牙妻子欧仁妮皇后更时尚，她的每一个奇思妙想都能引领西方的时尚潮流。1863年9月，她选择了一件翠绿色丝绸长袍出席巴黎歌剧院的演出，这件长袍是用一种新的无毒苯胺绿色染料染色的，在英语中称为"vert Guignet"或"viridian"（青绿色）。第二天早上，当她在头发上撒了一点自己定制的金粉的时候，她已经登上了头条新闻，因为她的长袍在新发明的煤气灯下保持了活力和光泽。报道详细介绍了欧仁妮和她那漂亮的安全绿色长裙后，巴黎和伦敦的女性都急切地想拥有一件这样闪闪发光的丝绸礼服。19世纪末的首席时装设计师查尔斯·沃斯用无砷染料制成的浓绿面料，打造了一件令人惊叹的高级女装，这是一件带有令人印象深刻的祖母绿丝绒胸衣和12英尺长的裙摆的俄罗斯皇室宫廷礼服。

为了满足人们对时尚和有毒绿色织物和装饰品的需求，大量工人在危险的环境中辛勤工作，为了保护他们的权益，社会改革家，如妇女卫生协会，开展了一系列活动。然而，很多女性仍然穿着"砷绿色"的衣服，因为它比安全绿色更便宜、更生动。

作为工艺美术运动的创始人，威廉·莫里斯拒绝了机器大规模生产，包括使用合成染料，并寻求回归过去的天然植物染料。他的错综复杂的图案灵感来自大自然，他所使用的主要的绿色调色板，从尼罗河水般的淡绿色到各种繁复的绿色都来自植物。莫里斯于1881年收购了默顿修道院一家萨里纺织厂，在那里他用传统矿物和植物染料制作了布料和壁纸，据说他摒弃了最新的合成材料。他邀请游客来到默顿，在那里，他很高兴地展示了传统的方法，即将羊毛浸泡在一桶桶的菘蓝液中，然后进行套染，向他们展示羊毛是如何从草色变成深绿色和蓝色的。

尽管威廉·莫里斯直言不讳地表明自己偏爱天然染料，但2003年，阿伯丁大学的一位名叫安迪·梅哈格（Andy Meharg）的研究人员在1864年至1875年间生产的莫里斯印刷墙纸样本中发现了微量砷。对于其中的危险，莫里斯是明白的，他父亲经营着一家名叫德文大康索斯的铜矿公司，莫里斯是公司的股东之一，这家公司是当时最大的砷生产商。那时公众表现出了对绿色染料的担忧，然而，莫里斯却漠然处之，他在1885年的一封信中写道："很难想象还有比这更愚蠢的事：医生们都像被女巫施咒了一样。"当谈到他自己公司生产的墙纸时，他对自己倡导的天然染料并不抱有信心，认为它们不适合装饰他在伦敦最好的接待室，接待室壁纸上的旋转藤蔓和树叶图案，需要足够明亮的绿色来绘制。

由于人们普遍担心绿色染料的毒性，安全染料的不断发明有助于在整个欧洲和美国推广这种颜色。到了19世纪90年代，绿色到处都是——无论是色块还是鲜艳的条纹。1892

年，巴黎高级女装店Robina推出了一件带有绿色和粉红色条纹的黑色丝绸紧身胸衣和裙子（现在是芝加哥艺术学院收藏的一部分），展示了对时尚绿色的热情。《女士们家庭杂志》在1892年预测道："这个季节的一切都必须用蕾丝、缎带和喷丝头纺织面料来装饰，以给它所需的时尚气息……从淡淡的尼罗河绿到苔藓色，每一种绿色都是巴黎人梦寐以求的。"

正如《时尚受害者》（*Fashion Victims*，2015）中的艾莉森·马修斯·戴维（Alison Matthews David）所言，虽然砷绿已谢天谢地成为过去，但如今最流行的绿色之一是一种被称为孔雀石绿的化学染料，该染料于1877年首次合成。孔雀石是从铜中提取出来的，在整个19世纪被用于涂料，该染料经常用于纺织品和皮革的染色。研究表明，这种色素对食用者有害，在北美和欧盟它已被禁止用于食品添加。马修斯·戴维写道："尽管绿色象征着自然，是生态绿色运动的品牌，但绿色过去是，现在仍然是最有毒的颜色之一。"

苦艾酒和绿色仙女

1889年，亨利·德·图卢斯·劳特雷克（Henri de Toulouse Lautrec）站在蒙马特新开的红磨坊（Moulin Rouge）的一张桌子前，手绘勾勒出穿着艳丽的舞者和古怪的顾客，画面令人目眩，一杯接一杯的苦艾酒让他进入状态。有时他会把它和白兰地混在一起喝，或者干脆把它和一块火烧糖放在一起，慢慢地融入水中，变成奶绿色的液体。一旦洛特雷克醉得头昏眼花，幻觉中就会出现一个困扰他的绿色仙女（一个身着祖母绿裙子的小精灵），据说她能进入幻觉，寻觅心醉神迷的苦艾酒饮者。

绿色仙女是精神的象征，经常出现在阿尔伯特·麦格南（Albert Maignan）的画作中，《绿色缪斯》（Green Muse，1895）就是其中之一，当然，在苦艾酒品牌的广告海报中也有她的身影。劳特雷克感觉自己被苦艾酒的绿色迷住了，因为它激发了他的创造力，窥见了隐藏在巴黎"美好时代"下面的龌龊。他说："在我看来，绿色有点像魔鬼的诱惑。"

从12世纪起，绿色开始在欧洲各地与魔鬼及其生物联系在一起；在此之前，撒旦被丑化为黑色，代表黑暗，红色代表火焰。例如，在迈克尔·帕切尔（Michael Pacher）15世纪的画作《圣沃尔夫冈与魔鬼》（Saint Wolfgang and the Devil）中，魔鬼被描绘成具有威胁性的绿色皮肤。根据米歇尔·帕斯托罗（Michel Pastoureau）2014年对绿色的研究，16世纪有一句流行的谚语："灰色的眼睛通向天堂，黑色的眼睛通向炼狱，绿色的眼睛通向地狱。"

19世纪末，巴黎的蒙马特区和皮加勒区盛行饮用苦艾酒，绿色仙女成为该地区的标志形象，在那里，苦艾酒不仅让人酩酊大醉，还让人发疯。这种酒是用艾草、茴芹籽、茴香和野生马郁兰进行蒸馏萃取而得的，最初的饮用者包括波希米亚人和艺术家，如文森特·凡·高、奥斯卡·王尔德和保罗·高更等，到19世纪70年代，它占了精神消费的90%。据说整个巴黎地区，傍晚时分，到处都能闻到草药的香味，这一时间被称为"绿灯时间"。像劳特雷克这样的"美好时代"的艺术家正在创造新的艺术形式，在新艺术海报和小册子中描绘城市的底层。和绿色仙女一样，当时的苦艾酒广告也描绘了红头发的女性，她们身穿绿色文艺复兴风格的长袍，高高举起一杯烈性液体，代表着颓废和放荡。文森特·凡·高1888年创作的作品《夜间咖啡馆》，就受到了这种绿色的启发，而红色则是令其赞叹的颜色："我试图用红色和绿色来表达可怕的人类激情……无论在哪里，这都是一场战争，是最不同的红色和绿色的对立。"

拉斐尔派前画家兼唯美主义者但丁·加布里埃尔·罗塞蒂笔下的红发女主角与苦艾酒海报中的仙女有相似之处。正如这些新艺术派的形象所指的文艺复兴时期一样，罗塞蒂的模特们经常身着深绿色的长袍，比如亚历克莎·威尔丁（Alexa Wilding）在《维罗妮卡·维罗内塞》（Veronica Veronese，1872）中渴望穿上绿色天鹅绒。威廉·莫里斯的妻子简·莫里斯（Jane Morris）是罗塞蒂的缪斯和情人，在《白日梦》（The Day Dream，1880）中，她宽松的绿色连衣裙使她与周围的自然环境相匹配，赋予她一种苍翠的性感。

在公众眼里，苦艾酒变得臭名昭著，其非法性很快演绎成一种绿色威胁，公众随之将其置于道德恐慌的中心。1868年5月，《伦敦时报》警告说，"祖母绿中毒"会导致

*1. 塔玛拉·德·莱姆皮卡的《戴手套的年轻女士》（*Young Lady with Gloves*），1930年
*2. 苦艾酒广告，1895年

如此多的酗酒者和死亡。第一次世界大战爆发时，法国已禁
止售用苦艾酒，以确保有一支高效、富有战斗力的军队，士
兵们不会因饮酒而延误战机。当时，在整个欧洲，这种绿色
饮料遭到了妖魔化，它进一步强化了人们长期信仰的传统观
念：绿色是一种有毒的、危险的，与性相联系的颜色。这在
颓废的1920年代尤其如此，1925年珍妮·浪凡（Jeanne
Lanvin）制作了一件浅绿色风衣，展现了这种危险的魅力。

引诱、爱欲和赎罪

用绿色代表狂暴的爱欲和犯科，有其深厚的历史渊
源。伊丽莎白时代有一首经典英国民歌，叫《绿袖子》
（*Greensleeves*），讲述了一个滥交女人的故事——绿袖子

女士，她的衣服上的绿色据说暗示她是一名娼妓。在古代中国，"绿头巾"被用来作为娼妓家人的专属服饰，妓女家门前往往悬有绿色灯笼，故称"绿灯户"。即使在今天，在中国，戴绿帽子也要小心，因为绿色仍然保留着这些贬义的含义。

除了表达犯科外，绿色也可以代表美丽和强烈的情欲。在塔玛拉·德·莱姆皮卡（Tamara de Lempicka）的《戴手套的年轻女士》（1930年）中，翠绿色的裙子紧贴身体，增强了她的性感力量，而她的赤褐色头发与美好年代的苦艾酒海报中的女性相匹配。詹妮弗·洛佩兹（Jennifer Lopez）在2000年参加格莱美奖颁奖典礼时，穿着一条Versace绿色裙衫，前襟开衩到肚脐，图案暗示着浓密丛林印花的复古，透明薄纱面料，非常性感。人们在互联网上搜索这条长裙的图片，一度将谷歌搜索引擎"挤爆"，为此推动了2001年谷歌图片（一款图片搜索引擎）的研发。

近年来，凯拉·奈特利（Keira Knightley）引起了人们的热议，她在电影《赎罪》（*Atonement*，2007年）中穿了一条祖母绿缎子裙。在影片中，她穿着Jean Harlow风格的丝绸性感长裙，塑造了一个引人注目的形象，既迷人又怀旧，代表了20世纪30年代一个失落的夏天。绿色丝绸面料薄如肌肤，轻轻掠过她的身体，一直垂到脊椎底部——这是一件完美的礼服，是"二战"前"完美"的回忆，是20世纪30年代夏夜的完美之选。在伊恩·麦克尤恩（Ian McEwan）的小说中，塞西莉亚从衣橱里拿出长袍，穿上，裙摆轻轻垂在地板上。麦克尤恩将她描述为身着长袍的"美人鱼"，将绿色与故事中水的主题联系起来，从致命的喷泉场景到塞西莉亚的水中之死。这件苗条的绿色连衣裙很像弗吉尼亚·伍尔夫（Virginia Woolf）的小说《达洛维夫人》（*Mrs. Dalloway*，1925年）中的主人公达洛维夫人穿的那件，塞西莉亚穿着一件"银绿色美人鱼的连衣裙"，"就像水中漂浮的生物，露出完美安逸的神态"，在派对中游弋。归根结底，赎罪礼服既代表了对过去完美时光的向往，也代表了诱惑和怂恿。正如电影的服装设计师杰奎琳·杜兰在2007年接受采访时所说，"我认为绿色是一种诱惑……"

绿色是伊甸园中的蛇的颜色，它引诱夏娃偷食苹果，导致人类堕落。绿色还与嫉妒联系在一起，正如莎士比亚在《奥赛罗》（1603）中首次创造的"绿眼睛怪物"一词所体现的那样。在中世纪，绿眼睛被认为是一个骗子，代表奸诈、娼妓和女巫。在舞台上和绘画中，像犹大和黛利拉这样的伪善的圣经人物经常被描绘成绿色。

塞西莉亚的裙子让我们想起了美人鱼；绿色是水的代表，隐藏在水里的东西也可能是危险的。绿色的青蛙黏糊糊的，常常作为性欲的象征（正如《公主与青蛙》童话中所暗示的那样）。神话中的海妖是一个危险的怪物，它上半身是女人，下半身长着一条水绿色的鱼尾巴，诱惑并杀死过往的水手。在中世纪的《翁蒂娜》故事中，水仙和骑士相爱，水仙在绘画和舞台制作中的衣服常常带有绿色，仿佛她是另一

*1

*1.《赎罪》中的凯拉·奈特利（2007）
*2. 2000年格莱美颁奖典礼上詹妮弗·洛佩兹身着Versace长裙

*2

个世界的幽灵,穿梭在海藻中。前拉斐尔派画家爱德华·伯
恩·琼斯爵士(Sir Edward Burne Jones)也大量使用绿
色,《绿色夏天》(Green Summer,1864年)描绘了一个
穿着绿色衣服的仙女和精灵;约翰·埃弗雷特·米莱爵士
(Sird John Everett Millais)画了《奥菲利亚》(1851—
1852年),画中,生命和成长的绿色与淹没在水中的垂死的
奥菲利亚形成鲜明对比,很像塞西莉亚悲惨地死于水中。

和水一样,绿色也代表腐烂。格温妮斯·帕特洛
(Gwyneth Paltrow)出演了《远大前程》(Great Expecta-
tions,1998年),扮演的角色是埃斯特拉,她所穿的一切都
是绿色的,这是导演阿方索·卡隆(Alfonso Cuarón)痴迷
的颜色。Donna Karan为她设计了几套服装,包括一件绿
色天鹅绒连衣裙和一件苔藓绿开衫和裙子。绿色有毒且会腐
烂,就像郝薇香小姐的宅邸,它显示了埃斯特拉是一个不可
信任的角色。

绿灯与美国梦

在F.斯科特·菲茨杰拉德(F.Scott Fitzgerald)的《了
不起的盖茨比》(The Great Gatsby,1925年)中,尼克第
一次看到杰·盖茨比在黛西码头的尽头,在海湾的另一边,
向绿灯伸出手。绿灯是盖茨比一生的奋斗目标;它代表了他
对黛西的向往和实现美国梦的愿望。对于绿色,书籍和电影
中有无数的描述,它呈现出一种幻想元素,代表着对愿望的

实现和对梦想的追求。

《爱乐之城》（*La La Land*，2016）中的艾玛·斯通和瑞恩·戈斯林在格里菲斯天文台闪耀的星空中翱翔，身穿绿色连衣裙。剧本中特别提到了裙子的颜色，因为绿色代表着他们对明星的渴望，就像他们在一起唱《星城》（*City of Stars*）时，脸上沐浴着绿光一样。这条裙子由电影服装设计师玛丽·佐夫莱斯（Mary Zophres）设计，灵感来源于朱迪·加兰在1948年复活节游行中穿的一条深绿色裙子。电影讲述了一个年轻人努力取得成功的故事。

在《雨中曲》（*Singin' in the Rain*，1952）中，我们记得的服装不一定是黛比·雷诺斯（Debbie Reynolds）那条自命不凡的连衣裙，而是塞德·查里斯（Cyd Charisse）饰演的荡妇在"百老汇旋律"系列中穿的苦艾酒色的羽翼裙，搭配高跟鞋。她用腿的弯曲来引诱吉恩·凯利（Gene Kelly）饰演的唐。这是一个精心制作的奇幻片段，一段长13分钟的追寻梦想的芭蕾舞，查里斯塑造了一位难以企及的诱惑者。影片中的红宝石色背景、凯利的香蕉黄色背心，以及其他舞者的粉色和橙色连衣裙，衬托着她的绿色连衣裙，显得格外醒目。在引导凯利走向明星的过程中，绿色暗示着一种情欲的诱惑，一种遥不可及的未来。

尼罗河水般的绿色，常常被用来作为好莱坞黄金时代颓废的标志。20世纪20年代，装饰艺术运动着眼于东方艺术的异国情调，并推崇尼罗河淤泥色的织物，从古埃及汲取灵感。例如，保罗·波烈1925年的"金箭"连衣裙，由绿色雪纺制成，带有螺纹镀金箭头，完美地体现了埃及的影响。1934年电影《埃及艳后》（*Cleopatra*）中克劳黛·考尔白（Claudette Colbert）的服装，更是体现了这种影响，绿色的尼罗河潮流波涌好莱坞，回到了古埃及。服装设计师特拉维斯·班顿将他的设计与斜纹绸缎礼服的装饰艺术风格相结合，包括一件闪光的美人鱼风格礼服，采用淡褐色缎，衣袖悬垂。它可能不是克利奥帕特拉的衣服，但20世纪30年代的观众们欣然接受了它，并在百货商店里引发了无数模仿。

　　导演阿尔弗雷德·希区柯克在为他的电影设计服装时，非常清楚色彩的重要性，绿色尤其受欢迎。除了与冷酷女主角的金发相得益彰外，他认为绿色是一种中性色，在银幕紧张的时刻不会分散观众的注意力。这就是为什么他的服装设计师伊迪丝·海德为《群鸟》（*The Birds*）中的女演员蒂皮·赫德伦（Tippi Hedren）设计了一件淡绿色的连衣裙和夹克，随着动作的展开，这件衣服出现破损。海德还为《后窗》（*Rear Window*，1954年）中的格蕾丝·凯利设计了一套无袖西装，塑造了她作为一名穿着无可挑剔的女商人的性格。她曾说："除非有故事原因，否则我们会让颜色保持沉默，因为希区柯克认为颜色会影响重要的动作场景。实际上，他对颜色的使用，几乎像艺术家一样的挑剔，他喜欢用柔和的绿色，以及那些较冷的颜色来表达某种情绪。"

　　在1957年的电影《眩晕》（*Vertigo*）中，他完全拥抱了绿色，以获得象征性的效果。碧绿代表了金·诺瓦克饰演的马德琳的神秘性格，就像一个来自过去的幽灵一样，她萦绕着詹姆斯·斯图尔特（James Stewart）饰演的角色斯科蒂的想象。我们首先看到玛德琳裹着一件翠绿色的斗篷，这件斗篷与红色、子宫状的餐厅发生冲突，就像凡·高的《夜间咖啡馆》一样。当斯科蒂遇到朱迪时，朱迪一直假装是玛德琳，这是一个精心策划的计划的一部分，她穿着一件苔藓绿的毛衣和裙子，这让我们和斯科蒂想起了玛德琳。后来，斯科蒂痴迷地把朱迪变成了玛德琳，绿灯从她的酒店窗户射进来，让她沐浴在超自然的绿光中。希区柯克将绿灯与他年轻时的伦敦舞台联系起来，深情地回忆起"绿灯——绿灯代表鬼魂和恶棍的出现"。

从嬉皮士到千禧一代

当嬉皮士亚文化在20世纪60年代末和70年代初席卷美国和欧洲时，它唤醒了人们为民权而战，并将环境问题推到了最前沿。1972年，阿波罗17号机组人员飞往太空，执行NASA的最后一次登月任务，他们把地球的标志性照片带回家了，即著名的"蓝色大理石"。这是人们第一次真正欣赏到地球上绿色和蓝色的美丽。同年，一个名为"别兴风作浪委员会"的组织更名为"绿色和平"，英国绿党正式成立，开始将绿色与政治运动结合起来。

1969年，一场毁灭性的石油泄漏污染了南加州的海岸线，而英国的罢工导致停电和街道垃圾堆积。随着城市烟雾弥漫，关于危险废物危害的报道越来越多，20世纪70年代，人们的环境意识日益增强。这种波希米亚精神意味着，当人们试图将自然世界融入他们的生活中时，朴实、自然的色调对设计美学产生了重大影响。鳄梨绿在20世纪70年代随处可见，它不仅被运用在臭名昭著的浴室家具之中被视为复古品味的象征，时装设计中也被广泛使用——从Laura Ashley's的花罩衫到Marks and Spencer的裙子和衬衫。1972年11月，《魅力》(Glamour)杂志上流行一种时尚，模特们穿着一系列绿色运动服，如橄榄色滑雪服、森林绿运动服和滑雪夹克。信息很清楚——绿色让我们拥抱生活，享受美好的户外。

虽然鳄梨果肉的淡绿色一度被认为是过时的，但它作为千禧一代时尚人士的象征，经历了彻底的形象变革。他们对鳄梨吐司的喜爱在Instagram上得到了充分而真实的记录，到2020年，据估计，美国消费了62.5亿只鳄梨。这种有益于健康的水果曾被用来指责年轻人的轻浮，《每日邮报》刊登了一篇文章，指责苏塞克斯公爵夫人梅根·马克尔(Meghan Markle)，因为她喜爱鳄梨而助长了森林砍伐和人权侵犯。也许是为了对批评她的人进行一种下意识的报复——他们抱怨说她太"精明"了——马克尔穿着一件光滑的绿色Emilia Wickstead披肩裙，配上William Chambers的帽子，出席了2020年3月举行的一年一度的英联邦

*1

*2

*1. 塞德·查利斯与吉恩·凯利在《雨中曲》，1952年

*2.《群鸟》中饰演梅兰妮·丹尼尔斯的蒂皮·赫德伦，1963年

*1. 梅根·马克尔
（Meghan Markle）
出席英联邦纪念日
活动，2020年
*2.《远大前程》中
的格温妮斯·帕特
洛，1998年

纪念日活动，这是她作为王室高级工作人员应该履行的一项
职责。

随着鳄梨在千禧年的流行，以及"反抗灭绝"等新运动
引发的对环境的直接关注，犹如微风吹拂的柠檬色系的开心
果色，以及橄榄色和淡绿色，在2010年代重新流行起来。
Instagram上充斥着室内植物或媚俗的丛林印花图片，显示
出人们渴望将自然带入室内，以抵消对城市生活和对地球的
担忧。随着消费者对环境问题的投资越来越多，他们越是热
衷寻求新的途径，缓解政治动荡的压力。

就像凉爽的黄瓜水和薄荷茶一样，绿色也起到了镇静
的作用，并开始主导设计师的调色板。在2019/2020秋冬
系列中，Valentino推出了一件带有精致头饰的绿色女神礼
服，以及一件森林绿色的亮片网袍。2020年春季，Marc
Jacobs将模特裹在一件精致的绿色塑料外套中，头戴花环
般的风帽，身着鹦鹉绿套装，让人联想起20世纪70年代希
区柯克的女主角。歌手比利·埃利什（Billie Eilish）为她的
头发和宽松的衣服染上"史莱姆绿"（slime green），这代表
了她积极健康的心理，Vanity Fair在2019年8月写道："尽
管有人反对，但衣服、染发剂和美容产品中的史莱姆绿，多
年来一直很受欢迎。他们称之为'有毒绿''怪物史莱克'，
如果你喜欢，或者称为'外星时尚'。"

2013年，Pantone将"翡翠色"（Emerald）定为年度
主题色，这反映了绿色的复兴，2017年的年度主题色则是

"草木绿"（Greenery），其色调为"清新而热情的黄绿色调"，让人们能够"深呼吸、富氧生活和活力充沛"，而且，"现代生活中被淹没的人越多，他们就越渴望沉浸在自然和物质统一的内在美之中"。千百年来的历史告诉我们一个很明显的事实：绿色及其所有的内涵和复杂性，在我们渴望从现实的压抑中解脱出来的时候，得到了流行，带着我们逃离到一个自然和美丽的地方。

*1. 比利·埃利什在迈阿密参加"我们去哪里？"世界巡演
*2. Valentino 的高级定制 2019/2022 秋冬

Yellow 黄色

碧昂丝穿着Roberto Cavalli的荷叶边芥末黄一字肩连衣裙，赤脚漫步在大街上，手里挥舞着棒球棍，随手砸碎汽车玻璃和商店橱窗，从中取乐，这是对出轨伴侣的甜蜜报复。这个镜头出现在她2016年专辑《柠檬水》（Lemonade）中的《等等》（Hold Up）音乐视频中，黄色代表了她的积极性，使她从人群中脱颖而出。这个镜头在时尚界刮起了一股黄色的旋风，黄油色调卷土重来，并给这种经常与幸福联系在一起的颜色带来了一丝丝颠覆。

黄色带来了乐观和夏日的灿烂，向日葵打开花瓣，沐浴阳光，黄色笑脸表情图片印在海报上、T恤上，带来了1990年代的狂欢。《爱乐之城》（2016）里，艾玛·斯通（Emma Stone）穿了一件亮丽的黄色连衣裙，在夜空的紫色和蓝色映衬下令人心灵震撼，Instagram上的图像映照着太阳的斑驳，Pantone在2018年选择了蛋黄色来代表Z世代。

黄色，从木兰花、黄油和柠檬色到向日葵、藏红花、芥末和荧光色，它是一种心理原色，据说与人的情绪直接相关。虽然它可以增强乐观情绪，但它的地位远超其他颜色，因而招致负面含义。它的波长很长，是我们肉眼能轻易捕捉到的颜色之一，因此它成为实用服装上可见标记的明显选择，穿着黄色，可以确保那些在道路或建筑工地上工作的人被看到。

对于许多文化来说，黄色是代表太阳的颜色，黄色和金色是两种有价值的颜色——一种代表生命的力量，另一种代表辉煌和财富。对于罗马人来说，黄色是蜂蜜和蜜蜂的颜色，也是谷物成熟的颜色。谷神是丰收和生育的女神，经常被描绘成穿着黄色连衣裙，金发上有一顶小麦冠冕。

黄色在印度各地用于庆祝印度新年和爱情节（Gangaur），以向女神高里致敬，黄色纱丽经常被用作庆祝春天到来的吉祥标记。

由于它与太阳、成长和繁荣的联系，黄色被认为是耀眼和温暖的，就像光线穿过黑色并驱赶夜晚的邪恶一样，黄色代表着一种积极的力量。

但由于其能见度高，它也被当作历史上最具破坏性、最令人仇恨的象征之一：黄色的星星，是纳粹政权期间贴在犹太人身上的屈辱标记，他们遭受迫害。正如歌德曾经写道："黄色代表欢愉、柔软、愉悦，但在光线不足的情况下，它很快就会变得低沉阴郁，最轻微的混合就可以使它变得肮脏、丑陋和无趣。"

黄色真丝和菊花

2015年的纽约大都会艺术博物馆慈善晚宴Met Gala，其主题是"中国：镜花水月"，蕾哈娜（Rihanna）选择穿着一件黄色丝绸礼服，搭配中国设计师郭培的16英尺长的毛皮饰边披风。这身服装因其颜色接近煎蛋卷的颜色而广受欢迎，但从本质上讲，它是对中国历史的刻意致敬。郭培通过礼服来表示中国的丰富传统。她用绣有珍珠的吉祥龙作为裙衫的装饰，修复了在"文化大革命"期间废弃的工厂中发现的丝绸花朵。黄色作为使用最广的颜色，它享有很高的地位，几个世纪以来一直是一种崇高的颜色。

1903年，新奥尔良画家凯瑟琳·奥古斯塔·卡尔（Katharine Augusta Carl）造访了北京紫禁城，为慈禧太后画了肖像，慈禧太后从妃嫔升格为清朝事实上的领袖。为了塑造她在海外的形象，慈禧邀请这位美国艺术家创作了这幅肖像，该肖像在1904年圣路易斯世界博览会上展出，然后被赠送给西奥多·罗斯福（Theodore Roosevelt）总统。画像中，太后端坐，穿着鲜艳的黄色丝绸礼服，映照在深色的印花墙纸上和她身旁桃花心木的镜框上，金光闪耀。

在中国古代，黄色是五行理论的五种颜色之一，用于哲学、医学和风水，因为它代表了"后土"，所以它被认为是最尊贵的颜色。黄色是黄金和财富的颜色，太阳的眩光、黄色的菊花，是长寿和健康的象征。这是一种非常珍贵的颜色，在某些时代，只有皇帝和皇后才被允许穿戴它。在清朝（1644—1912），黄色是皇室的专属颜色。据1760年至1766年的《皇朝礼器图式》（《御礼用具插图》）记载，亮黄色只能为皇帝和皇后的龙袍和宫廷长袍专用，太子穿杏黄色，其他皇子只能穿金黄色的衣服。

轩辕黄帝是传说中的五帝之首，是五帝把中国塑造成一个中央集权国家，对中华文明的发展具有深远影响。据说他的妻子嫘祖在一个茧从桑树上掉进她的茶杯时发现了丝，当她从杯中取出蚕茧时，发现了一团丝线。丝绸是中国古代最珍贵的商品之一，关于养殖家蚕或家养丝蛾的古老技术，充满了秘密和传说。抽茧取丝，织成丝绸是一项高度保密的技术，被称为"养蚕术"，其他文明试图寻找这种技术。到商朝（公元前1600—1046年），丝绸成为宗教仪式和祭祀的必备品之一。

黄色色素与染料

黄色是自然界中最常见的颜色之一。虽然现存最古老的纺织面料是红色的，大约在公元前3000年或公元前4000年在印度河流域发现，但由于可以使织物变黄的植物数量众多，黄色可能更早被使用。

早在公元前2000年，石榴就在古代美索不达米亚被用来制造黄色染料。他们还使用来自树木破碎的叶子和树枝提取漆树粉，用来染色皮革，从而产生黄褐色色调。染料木是一种在欧洲和北美的草原上发现的灌木，据说维京人以及9至11世纪的英格兰人都曾将其用于制作黄色染料。黄色木材于13世纪到19世纪在法国和德国被使用。

在合成染料发明之前，最深和最昂贵的黄色来自手工采摘的藏红花，它提供了丰富的金色色调，像一块金布一样闪闪发光。藏红花粉制成的染料作为黄色和橙色染料中最有价值和最昂贵的染料之一，其颜色和香料提取自藏红花花朵中的长而细的花柱或绽放的藏红花的花蕊。

在美索不达米亚的洞穴艺术中发现的关于藏红花的痕迹，可以追溯到至少5万年前。藏红花最初是在古希腊作为野花收获的，在希腊圣托里尼岛上的米诺斯阿克罗蒂里定居点的壁画中，描绘了在女神的指导下采摘藏红花的妇女和猴子。

考古学家发现，米诺斯人专门用藏红花来制作妇女和女孩的香水、化妆品以及为他们独特的黄色短夹克染色。女性也是主要的收割者，因此藏红花色被认为是女性化的颜色。古希腊女祭司和地位崇高的妇女穿着藏红花染色的长袍，包括在纪念大地女神得墨忒耳和她的女儿珀耳塞福涅的节日上。罗马人也接受藏红花色作为展示其帝国财富的一种方式。

腓尼基人很可能通过交易获得野生藏红花，并在波斯种植，在那里他们学会了如何种植这种微妙、善变的作物，在耙过的干旱土壤上一排排地种植它们。当秋天花朵盛开时，田野被紫色的奇妙阴霾笼罩。除了需要大量劳力，采摘藏红花雄蕊的时间很短，应该在早上采摘，因为露水蒸发后，花朵在阳光下就会枯萎。生产半公斤藏红花粉需要大约40000朵花，由于需要如此大的消耗量，藏红花粉至今仍然是世界上最昂贵的香料之一。1099年抵达耶路撒冷后，十字军占领了该地区一百年，在那里他们培养了当地的藏红花烹饪和医学传统。由于禁止从该地区带走藏红花，穆斯林贸易区被威胁称会受到严厉惩罚，许多朝圣者通过走私的地毯或织物包裹运输藏红花球茎。藏红花如何来到英国海岸的故事充满了神话色彩——据说在爱德华三世统治期间，一位从中东返回的朝圣者在他的帽子下走私了一个藏红花球茎。

奇品瓦尔登是埃塞克斯著名的羊毛贸易小镇，在16世纪以种植藏红花而闻名，以至于它后来更名为藏红花瓦尔登。人们认为藏红花能有效治疗腺鼠疫，因此瘟疫期间对藏红花的需求很大，但疫情肆虐，许多农民死于瘟疫后，藏红花的供应减少。此后，藏红花开始在欧洲其他地区种植，包

*1. 查尔斯·奥古斯特·斯托本（Charles Auguste Steuben）的蓬巴杜夫人肖像，1848年
*2. 米歇尔·威廉姆斯（Michelle Williams）在第78届奥斯卡金像奖上，2006年
*3. 蕾哈娜穿着郭培设计的礼服参加2015年纽约大都会艺术博物馆慈善晚宴

*2

*3

括瑞士、德国和法国。

亨利七世禁止爱尔兰人使用藏红花给他们的衣服染色，希望通过剥夺资源来实现自己的统治，达到控制人口的目的。在藏红花用品的保护上，亨利八世用尽心机，他甚至禁止女性朝臣用它来染头发。由于藏红花稀缺且珍贵，不久，便宜的套染方法和黄木犀草（Reseda luteola）开始取代藏红花，这种草一直被用作染料，可追溯到罗马时代。后来，佛提树（fustic）和黑栎（quercitron）分别在16世纪和18世纪被用作染料。

很多制作绘画所用的黄色颜料的材料是有害的。胆石黄色是由压碎的牛胆结石制成，雌黄来自柬埔寨藤黄树的汁液，它从1615年开始由东印度公司运往英国，虽然它阳光般的黄色色调受到珍视，但其毒性却会对处理它的工人产生严重的副作用。

另一种黄色颜料，称为印度黄色，在莫卧儿王朝时期，印度画家和染坊通常用于艺术、油漆房屋和着色纺织品的颜料。便于运输，这种物质被制作为芥末色的粉末球——它散发出刺鼻的氨味——在17世纪后期进入欧洲。虽然这种染料的配方笼罩在神秘之中，但后来人们发现它是从只用芒果叶喂养的奶牛的黄色尿液中产生的。直到1910年，它一直被用作油漆颜料，包括艺术家J.M.W.透纳（J. M. W. Turner）闪闪发光的风景画。

当法国化学家路易斯·尼古拉斯·沃奎林（Louis Nicolas Vauquelin）于1797年发现了铬酸铅合成的铬黄颜料时，它立刻成为文森特·凡·高的最爱，他将其用于他最著名的画作——向日葵系列，以及《星月夜》中的星星和灯光。但据说它的高铅含量助长了他的疯狂。1888年，凡·高在法国南部写信给他的兄弟："太阳让我眼花缭乱，一直延伸到我的头上，一个太阳，一种我只能称之为黄色的光，硫磺黄、柠檬黄、金黄。黄色是多么可爱啊！"

黄色的负面性

黄色的金色色调很像贵金属的色调，但它并不具有与贵金属同样的价值。在19世纪下半叶，被认为过于荒谬和有争议的法国小说经常被装订上一张黄色封面，黄色封面既将它们标记为非法，又将它们作为颓废的象征，这些读物大多只能在地摊上销售。后来在美国，黄色一词成为标记耸人听闻的新闻的专门术语。在中国，黄色意味着色情，意大利恐怖电影的一种类型也被称为"giallo"，意思是"黄色"。

到了中世纪，黄色带有更多的负面色彩。它意味着疾病、病痛和黄疸，与四种体液中的黄色胆汁有关。虽然有许多天然物质可以用来制造黄色织物，但与持久的红色和蓝色相比，黄颜色很快就会褪色，并且伴随着这些负面含义而来的是一种不信任感。

在欧洲，社会的被抛弃者——那些畸形、患病或犯罪的人——被要求戴上黄色的围巾、帽子或徽章，以标记他们。

藏红花在罗马时代可能被认为是壮阳药，但在14世纪和15世纪的威尼斯，黄色成为妓女的标志，她们被要求始终戴上黄色围巾。在中世纪的艺术品中，刽子手通常被描绘成穿着黄色衣服，它也是一种描绘叛徒的颜色，并被用来标记那些破产者的家园。

中世纪和文艺复兴时期的艺术家开始使用黄色来展示犹大的双重性，例如乔托·迪·邦多纳（Giotto di Bondone）在帕多瓦一座小教堂的墙壁上画了一幅壁画《犹大之吻》，他身穿黄色斗篷，拥抱着耶稣。犹大衣服的黄色不仅标志着他是叛徒，而且表明他是犹太人。对犹太人使用黄色徽章是一种耻辱，可以追溯到中世纪，在1215年第四次拉特兰会议颁布法令后，这种习俗在欧洲不同时期广泛传播，该法令要求犹太人必须将自己与非犹太人区分开来。例如，1274年，爱德华一世国王颁布了一项法律，要求犹太人佩戴黄色补丁标记，1290年还下令将他们驱逐出英格兰。有时，正如米歇尔·帕斯图罗在他的书中表达的关于黄色的论点一样，这些补丁将黄色与其他颜色相结合，包括黑色、白色、绿色和红色。另一个标志是黄色尖头帽，或德语中的"Judenhut"，从12世纪到17世纪出现在欧洲的一些地方，有时被强制执行。

第二次世界大战爆发后，纳粹强迫德国和被占领土上的犹太人，在衣服上佩戴黄色的大卫之星（Star of David），作为识别和隔离的手段，作为将犹太人送往隔离聚居区和集中营的前奏。

当阿拉贡的凯瑟琳于1536年1月去世时，在她与亨利八世屈辱地离婚三年后，国王和他的第二任妻子安妮·博林（Anne Boleyn）在她的葬礼当天穿着匹配的黄色衣服出现在皇家宫廷中。都铎王朝喜欢黄色，认为它是太阳和希望的颜色，亨利八世选择在他的每场婚礼上穿它。但在凯瑟琳死后，他仍穿着黄色衣服，人们认为、此时的穿着不合时宜，当时其他人，包括凯瑟琳的女儿玛丽，都穿着传统的黑色来哀悼。

埃里克·艾夫斯（Eric Ives）在《安妮·博林的生与死》（*The Life and Death of Anne Boleyn*，2005）中写道，他们二人都穿着"欢乐的黄色"出现在葬礼上，他们带着女儿伊丽莎白去了教堂，一路上满怀"胜利的喜悦"。对此，当代编年史家爱德华·霍尔（Edward Hall）也有过这样的叙述，凯瑟琳葬礼的当天，"安妮王后身着黄色哀悼死者"。正如在"亨利八世统治时期的国内外信件和文件"（1887年）中所记录的那样，1525年至1549年担任帝国驻英格兰大使的尤斯塔斯·查普伊斯（Eustace Chapuys）报告说，国王在听到凯瑟琳的死讯时惊呼，"上帝保佑我们，我们没有战争的嫌疑"，第二天，"国王从头到脚都穿着黄色的衣服，除了他帽子上的白色羽毛，在号角声中为他的"私生女"（伊丽莎白一世）举行了弥撒，庆祝这个伟大的胜利。晚宴过后，国王走进女士们跳舞的房间，陶醉其中。

　　黄色的积极品质也在另一个臭名昭著的事件中受到抑制——安妮·特纳（Anne Turner）于1615年因参与谋杀托马斯·奥弗伯里爵士（Sir Thomas Overbury）而被绞死，托马斯·奥弗伯里爵士是詹姆斯一世的朝臣。当时，特纳混迹于伦敦的上层和下层社交圈中，步入了毁灭，她协助弗朗西斯·霍华德（Frances Howard）和国王的最爱罗伯特·卡尔（Robert Carr）毒害奥弗伯里，因为他反对卡尔与霍华德亲密接触。安妮与她的同伙一起受到审判，并被判处死刑。

　　1995年，阿拉斯泰尔·贝拉尼（Alastair Bellany）发表了一篇期刊文章——《特纳情妇的致命罪恶》，正如文中所描述的那样，在她的罪恶清单中包括"她发明把毒性淀粉藏匿在衣服的黄色褶皱中"，这似乎代表了她的攻击性行为。西蒙兹·德·尤斯爵士（Sir Simonds d'Ewes）在17世纪30年代写道，特纳"首先提出了使用黄色淀粉投毒，一切都显得徒劳和愚蠢，结果她自己戴着黄色的带子和袖口接受了审判"，并且在她被处决的那天，刽子手"使用的带子和她袖口一样，都是黄色"，以防止滋生这种颜色的毒害罪。她的案例是17世纪最轰动的案例之一，她被称为"黄毛毒师"。随着她的恶名的扩散，藏红花色的褶皱很快就失宠了。

金光闪闪

在中世纪，鉴于黄色的负面含义，黄金成为唯一真正可接受的黄色形式。黄金被认为是具有灵性的神圣之色，在丝绸之路沿线的贸易中备受追捧。从7000多年前首次开采黄金并抛光成珠宝和装饰品开始，黄金的价值就因其稀有性和费用昂贵而受到重视。亚历山大大帝被认为特别喜欢用黄金编织的布料。公元前331年左右，他和他的"不朽者"军队一起向波斯进军，拉丁作家贾斯汀（Justin）形容他们戴着金领或"用金子染色的布料"。

随着丝绸沿着丝绸之路从中国抵达波斯和地中海，它成为罗马公民的珍贵面料。虽然提尔紫色丝绸是最令人垂涎的颜色，但暴虐的罗马皇帝康茂德（Emperor Commodus，公元161—192年）拥有一件带有亮黄色丝绸条纹的衣服，据说它是如此美丽，似乎用了黄金丝线。

黄金布料是中世纪欧洲国王和王后最喜爱的面料之一，丝绸与细金线交织在一起，营造出灿烂、华丽的光芒。它在都铎王朝时代特别受欢迎。1500年左右，画家为威尔士亲王亚瑟（Arthur）画了一张肖像画，描绘了一个令人印象深刻的富有形象：他穿着金色布料制作的礼服，带有黑貂和天鹅绒双层长袍。他的兄弟亨利七世在保护自己的衣橱方面不遗余力，他引入了一项所谓的反奢侈的法律，规定皇室才能穿黄金布，并且它被大量用于玛丽一世和伊丽莎白一世的加冕礼服以及皇家婚纱中。1520年，欧洲两位奢侈的年轻统治者——亨利八世和法国国王弗朗西斯一世——在一场被称为黄金之战的盛大相遇中面对面，因为他们穿着最好、最昂贵的金布，都希望在展示权力方面超越彼此。

1907年，古斯塔夫·克里姆特（Gustav Klimt）为阿黛尔·布洛赫-鲍尔（Adele Bloch-Bauer）画了一幅肖像画，画中展示了金色的光芒，阿黛尔是一位富有的维也纳社交名流，是他的赞助人和朋友。在创作与背景融为一体的金色连衣裙时，克里姆特的灵感来自西奥多拉皇后（Empress Theodora）的拜占庭马赛克，画中，她穿着璀璨的金色来提升她作为神圣存在的形象。这是克里姆特在他的黄金阶段的最后一件作品，他用金箔画了她的衣服和背景。1941年，这幅画被纳粹从犹太人布洛赫-鲍尔斯（Bloch-Bauers）的家中没收，2000年，阿黛尔·布洛赫-鲍尔的侄女玛丽亚·阿尔特曼（Maria Altmann）将奥地利告上法庭，最后作品被归还给了她的家人，正如海伦·米伦（Helen Mirren）2015年的电影《金衣女人》（Woman in Gold）中所描绘的那样。

如今，黄金色如果穿得过分，可以被认为是俗气和"独裁者时髦"，但金色连衣裙在红地毯上特别受欢迎，Elle杂志将金色连衣裙描述为"小黑裙"性感的妹妹。她活泼、催眠，完全不可阻挡。玛丽莲·梦露被缝进了这条特拉维拉（Travilla）设计的金色褶皱连衣裙里，这件礼服太过大胆，无法在电影《绅士爱美人》（Gentlemen Prefer Blondes，1953）中完整呈现。在1978年的奥斯卡奖颁奖典礼上，法拉·福西特（Farrah Fawcett）以一身金黄色晚礼服亮相颁奖礼，金色的连衣裙与金色的奥斯卡雕像相互辉映。在2018年的纽约大都会艺术博物馆慈善晚宴上，金·卡戴珊（Kim Kardashian）穿着紧身金色亮片的Versace礼服，展示了她对极致魅力的热爱，裙身的十字架装饰让人联想到拜占庭遗物，集中体现了多纳泰拉·范思哲（Donatella Versace）服装设计的浮华与诱惑。

黄色衣服

尽管黄色有负面的历史，但在18世纪，随着法国宫廷对轻盈、明亮的丝绸的推崇，以及追求"中国"风格趋势的出现，人们在纺织品和装饰艺术中接受了中国的宫廷黄色，并进行了形象改造。1760年的一件金丝

《性与单身女郎》（Sex and the Single Girl，1964）中的娜塔莉·伍德（Natalie Wood）

*2

*1. 金·卡
戴珊穿着
Versace 的
金色紧身连
衣裙，出席
2018 年纽约
大都会艺术
博物馆慈善
晚宴
*2. 凯特·莫
斯在纽约，
2003 年

*1

雀黄色礼服，现收藏在大都会艺术博物馆，是一件法国风格的长袍。在颜色的识别上，黄色是人眼注意到的第一种颜色，这种颜色的礼服能够吸引人们对礼服和穿着者的直接关注，产生戏剧性的效果。1854年，欧仁妮皇后在与拿破仑三世结婚后不久令人创作了一幅肖像画，描绘了她穿着一件璀璨的黄色礼服，由此看来，她的穿着预示着她代表了当时的时尚色彩。

2020年7月，*Nylon*杂志称，黄色连衣裙在电影和流行文化中与红色连衣裙一样具有标志性。从伊迪丝·海德为《性与单身女郎》设计的娜塔莉·伍德所穿的黄色礼服，到凯特·哈德森（Kate Hudson）在《十日拍拖手册》（*How to Lose a Guy in 10 Days*，2003年）中所穿的黄色连衣裙，都被用来表示爱或幸福的时刻。《性与单身女郎》是一整部浪漫喜剧，剧中，伊迪丝·海德为伍德保留了黑白色调，以适应她的角色：一个心理学家，她不会偏离她为单身女性提供建议的信念。只有在最后一幕中，她才拥抱了色彩——一条金丝雀黄色的连衣裙，搭配一条黄色的围巾，当她最终发现自己爱上了托尼·柯蒂斯，此刻，她穿上了黄色的衣服。

同样，专栏作家安迪（Andie），凯特·哈德森的顾问，在拍摄《十日拍拖手册》时提出了建议，关于约会的建议她非常有信心，这些建议都是为了确保你不被男人纠缠。对于设计这件黄色连衣裙，卡罗来纳·埃雷拉（Carolina Herre-

ra）与电影的服装设计师凯伦·帕奇（Karen Patch）经过
了仔细协商，它的亮相将成为电影的高光时刻。影片中，凯
特扮演的女主角当时并不知情她的竞争对手马修·麦康纳
（Matthew McConaughey）意识到他已经爱上了她。这
件闪闪发光的真丝礼服，背部开襟垂到脊柱底部，被选为钻
石品牌的高档公关活动的礼服，穿着它，影片中的女孩成为
房间里最耀眼的女性，特别令人难忘，她身上的黄色非同寻
常。这件衣裙体现了安迪引领时尚的梦想。背部是女性的性
感区域，安迪选择黄色作为它的标志性颜色。

　　2006年奥斯卡颁奖典礼上，米歇尔·威廉姆斯穿了一
件由王薇薇（Vera Wang）设计的毛茛色长裙，直到那时，
在红地毯上，黄色一直是一种罕见的颜色。另一件有影响力
的黄色连衣裙是凯特·莫斯（Kate Moss）在2003年纽约
的一次杂志派对上穿的。莫斯从贝弗利山庄的一家古董店买
到了这条柠檬色雪纺裙，裙子上有一条肩带，冷静地垂在她
的手臂上，这款裙子非常受欢迎，以至于她在2007年首次
推出的与Topshop合作的项目中对它进行了重新设计，市
场供不应求。

　　因为黄色不像红色或黑色那样常见，所以每当它出现
时，总会带来出乎意料的效果。服装设计师玛丽·佐夫莱
斯将黄色描述为传统上的"疏远"色，直到她为《爱乐之
城》（La La Land，2016）找到了适合她设计的连衣裙的黄
色，上面带有手绘的马蒂斯（Matisse）风格的花卉印花图

案。佐弗莱斯的灵感来自2014年她目睹艾玛·斯通走上红毯的那一刻，她穿着帽袖金丝雀黄色连衣裙。影片中的黄色非常适合表达人们的欣喜若狂，可以作为主角夫妇浪漫的过渡色，并使得绿色和蓝色主色调更具吸引力。随着裙子的飘动，当她与男演员瑞安·高斯林（Ryan Gosling）一起登上山顶，俯瞰洛杉矶，在夜空下翩然起舞时，裙子的黄色在星光熠熠的紫罗兰色天空中跳动。这段舞蹈被用于电影海报，那个场景和那件衣服，刹那间成了影片的高光时刻。

在青少年电影《独领风骚》（Clueless，1995）中，艾丽西亚·西尔弗斯通（Alicia Silverstone）定义了一种新型的时尚少女，用她的黄色格子西装扭转了垃圾摇滚的趋势。它是由莫娜·梅（Mona May）设计的，她希望西尔弗斯通穿一件"冷黄色"的衣服来搭配她金色的头发。"莫娜·梅说雪儿给人的第一印象总是闪闪发光。这种颜色很有活力，那是上学的第一天，所以我们一直想确保她身上的颜色能流行起来。"她补充说："黄色非常强大，但对于我来说，它更像是一种无辜的颜色，适合雪儿作为学校最受欢迎的女孩的角色，但不是典型的高中'刻薄女孩'。"虽然粉色在2000年代成为十几岁女孩的流行色，但在1990年代，黄色才是时髦、明亮和乐观的颜色，在今天看来，有点不可思议。

黄色运动服

昆汀·塔伦蒂诺在《杀死比尔1》中，大胆使用卡通色

*1

*2

*3

*1.《独领风骚》中的史黛西·达什（Stacey Dash）和艾丽西亚·西尔弗斯通，1995年

*2. 乌玛·瑟曼在《杀死比尔1》中饰演的新娘，2003年

*3. 艾玛·斯通和瑞安·高斯林在《爱乐之城》，2016年

彩，视觉效果强烈，成为流行文化的固定装置，尤其是贯穿整部电影的黄色。这是被称"猫咪小车"（Pussy Wagon）的汽车颜色，以及乌玛·瑟曼作为复仇新娘所穿的服装的颜色。乌玛·瑟曼在电影里所穿的黄色运动服套装已成为最知名的电影服装之一，它也是对李小龙的遗作《死亡游戏》（Game of Death，1978）的致敬。

"我以前从未这样拍过电影，我挑选了一种颜色，把它变成了电影的颜色，"昆汀·塔伦蒂诺说，"这个颜色是黄色，乌玛的金发启发了我。我希望电影的颜色像她的金发一样出彩，有别于我的其他电影，那些电影更具听觉性。但这部电影除了听觉性外，更有视觉性，是金发构成的画面。"

乌玛·瑟曼穿着黄色黑条纹运动服，看起来像一只愤怒的大黄蜂，作为一个警告信号，就像黄蜂和蜜蜂等昆虫在自然界中使用对比色来警告捕食者一样。这部电影的服装设计师凯瑟琳·玛丽·托马斯（Catherine Marie Thomas）说："乌玛的黄色运动服至关重要。她是一个复仇电影中训练有素的刺客，她的衣橱反映这一点。她不会躲避任何人。"

虽然李小龙的运动服是一件式连衣裤，但两件式的设计更讨人喜欢。为了瑟曼和她的特技替身的服装，电影制作了50多个版本，以便她穿着时，跳跃、踢腿和飞行时不会留下血迹和伤害。还有一套匹配的摩托车装备和头盔，用于在东京的霓虹灯街道上超速行驶。Lady Gaga的加长版音乐视频《电话》（Telephone，2010）的视觉效果受到了《杀

死比尔》的启发，不仅借鉴了它的基本色，而且还将瑟曼的
运动服的黄色和黑色用在由犯罪现场录像带制作的戏服上。
Lady Gaga说，视频揭示了一个现象，"在美国到处充斥着
信息和技术，淹没了年轻人，他们缺乏思想，视频期望通过
音乐表演改变现状，让年轻人更多地关注家国天下"。在监
狱里，当她被剥光衣服，脱掉她的伪装时，她在牢房里变得
脆弱，几乎赤身裸体。这个表演对她的名声有负面影响，涉
及如何看待她身体裸露曝光的问题。

　　"犯罪现场录像带是我们想到的图像之一，"导演乔纳
斯·阿克伦德（Jonas Åkerlund）说，"它是我们的即兴创
作，最终成为她的服装之一，看起来很酷。牢房里她感到幽
闭恐惧，感到沮丧，这只是牢房里那些幽闭恐惧症的时刻
之一。"

黄色背心

　　引人注目的黄色背心成为法国抗议的象征，作为"黄背
心"（gilets jaune）运动的一部分。该运动始于法国农村的
驾驶者抗议燃油税。法国颁布了一项法律，规定所有驾车者
必须在汽车上携带黄色背心，这不仅象征着政府对驾车者的
控制，也象征着工人及其抗议的紧迫性，因为背心被用作遇
险标志。作为群众运动的标志，它也是一种廉价、方便且立
即可识别的象征物，便于展示团结。《纽约时报》称其为"历
史上最有效的抗议服装之一"，黄色背心的力量随之传播到

其他国家，在那里它被用来表示许多不同的抗议运动，包括英国的脱欧抗议，澳大利亚的社会运动和芬兰的反移民抗议。它不仅将佩戴者识别为抗议的一部分，而且还识别了那些没有参与抗议的人——巴黎的一些人穿着黄色背心，以便在穿过抗议人群时感到安全。在2019年的巴黎，有一场戴红围巾的反示威运动，再次使用一个简单的项目作为抗议的号召。霎时间，颜色被赋予了阶级的内涵，红围巾不仅仅是一种时尚，黄背心也超越了作为一件实用的单品的价值。

对一些人来说，黄背心是人民的社会运动，是一种阶级象征，表现了面对政府，工人阶级应该团结起来。对于其他人来说，这是极右翼的战斗口号。一件日常服装，在不同的时刻可以展现出不同的含义。

快餐时尚和Z时代的黄色

在1960年代的反主流文化中，黄色是爱情的象征，当时流行一句口号，来旧金山，"在你的头发上戴上花朵"。披头士乐队发行的专辑、奢谈爱与和平的动画电影，命名为《黄色潜水艇》（*Yellow Submarine*），多诺万（Donovan）的歌曲《醇厚的黄色》（*Mellow Yellow*，也译作小黄人）带有"冷静和悠闲"的意味，詹姆斯·乔伊斯（James Joyce）在《尤利西斯》（*Ulysses*，1920）中对黄色也有类似的表达。书中的主人公奥波德·布鲁姆这样描述他的妻子莫莉·布鲁姆，"我确实探索了她臀部，散发着丰满、醇厚的黄色甜瓜气味"。

黄色代表了1960年代爱情盛宴的希望,它在1988年重新赢回了爱的第二夏。酸黄色的笑脸再次成为享乐主义的灯塔,代表了一代年轻人,在迷幻药的影响下,在狂欢中获得了"新的快乐"。正如创作歌手肖恩·莱德(Shaun Ryder)所回忆的那样,"当生活突然从黑白变成色彩斑斓时"。

1963年,美国广告商哈维·鲍尔(Harvey Ball),最初为一家保险公司设计了笑脸表情符号,目的是用于激励他们的工人,后来在迷幻运动期间,它出现在节日免费的贴纸上。1988年伦敦酸屋(acid-house)音乐俱乐部之夜"Shoom"开始使用,把它当作俱乐部的标识,赋予它一种新的含义,随后用于酸屋的专辑封面、徽章和传单以及时尚设计。

《太阳报》一开始就一直关注酸屋的场景,他们出售笑脸T恤,被称为"酷炫而时髦"。但几周后,《太阳报》改变了口径,警告其危险。据该报报道,酸屋现在是一个"地狱般的噩梦,吞没了成千上万的年轻人"。针对这种负面新闻,Topshop甚至做出决定,禁止销售这种笑脸T恤。

笑脸作为虚拟通信中最受欢迎的表情符号之一,具有更广泛的含义,但随着千禧一代在1990年代初怀旧地回顾过去,酸黄色圆圈在时尚界卷土重来,成为狂欢文化的象征。Moschino的首席设计师杰里米·斯科特(Jeremy Scott)在他的2015年春季男装系列中带回了笑脸,那是一件亮黄色的漆皮夹克，背面有黑色的微笑线条。前一年，斯科特在2014年秋季为Moschino推出了首个成衣系列，他完全接受了巧克力包装纸、海绵宝宝方形裤子和快餐食物所推崇的媚俗黄色，黄色已经成为一种社交媒体现象。

孩子们都很喜欢黄色，这将鼓励父母购买，黄色是快餐业的颜色。麦当劳的红和黄配色方案是世界上最知名的配色方案，红色和黄色被认为是最具吸引力的组合，黄色代表舒适和幸福，红色表示兴奋和饥饿。Moschino的首席设计师杰里米·斯科特对垃圾文化和垃圾食品特别热衷，其亮眼而傲慢的设计是他将该品牌的心形设计重新设计成麦当劳的金色拱门，以搭配非常突出的黄色和红色修身夹克和半裙。

Pantone在2018年推出了"Z世代黄色"，但这个名字是由时尚博客Repeller的作家海莉·纳曼（Haley Nahman）在2017年创造的，当时她注意到Instagram正在从千禧一代粉色转变到黄色。黄色为未来带来了新的希望，是一种充满活力的色彩，面对政治和环境恶化带来的巨大焦虑和担忧，黄色带来的是新的活力。

纳曼说，对于这种趋势，首先引起她首先注意的是摄影师佩特拉·柯林斯（Petra Collins），这位摄影师曾在拍摄中因使用粉色灯光而闻名，但在后来的拍摄中，他改为使用黄灯光，包括在赛琳娜·戈麦斯（Selena Gomez）的音乐视频《恋物癖》（Fetish）中，她穿着柠檬黄色的衣服，空气朦胧，透射出缕缕阳光，厨房乱七八糟的。该歌曲被认为在音乐视频中引发了一种清新的黄色美学趋势。

"Z世代黄色是千禧一代粉色的自然演变，"纳曼写道，"它保持了千禧年粉色最甜美的柔和感，但没有过度玩弄的幼稚化。它既怀旧又现代。它热情、活力、乐观。"

虽然粉色柔和漂亮，但黄色却充满活力。它可能并不总是以积极的方式被感知，但它仍然可以唤起幸福和温暖，使其成为夏日的完美颜色，以及一个值得期待的光明未来。

*1

*2

*1. 奥黛丽·赫本在
《查拉德》（Cha-
rade，1963）中穿
着纪梵希的外套
*2. 2019年10月
首尔时装周的街头
风情

*1. Roberto Cavalli
2016/2017秋冬礼服,
碧昂丝曾在她的音乐视
频 *Hold Up* 中穿过它
*2. Moschino, 2015春
夏男装, 伦敦系列
*3. Valentino, 2010春
夏高定系列

Orange 橙色

当哈莉·贝瑞（Halle Berry）在2002年的《择日而亡》（*Die Another Day*）中饰演邦德女郎金克斯时，她穿着橙色比基尼从大海中浮出水面，她将一种经常被诽谤的颜色带回了聚光灯下。她的比基尼来自品牌Eres，其定制的刀袋是对乌苏拉·安德烈斯（Ursula Andress）的致敬，她在第一部邦德电影《007之诺博士》（*Dr. No*，1962）中饰演了邦德女郎。随之而来的是，贝瑞的照片铺天盖地，浪潮般地席卷报纸和杂志，它重申了橙色的地位，橙色是一种不能忽视的色调。同时，橙色也是一种爱的颜色，在桑德罗·波提切利（Sandro Botticelli）的画作《春》（*Primavera*，约1470）和《维纳斯的诞生》（*The Birth of Venus*，1485—1486）中，水果的橙色代表了爱情，拥有深橙色头发的女演员丽塔·海华丝（Rita Hayworth）也因此成为"爱情女神"的代表。

　　橙色很难搭配，早在维多利亚时代，时尚杂志就警告女性要小心这种颜色，因为它不适合所有肤色。在西方，它被认为是一种"马麦酱"色——有些人喜欢它，有些人讨厌它——它也是与季节完全交织在一起的颜色。它让人想起秋天的不同色调，从温暖的金色转向琥珀色，再到烧焦的褐土色，还有万圣节的雕刻南瓜灯笼，还会使人联想到空气中飘散的南瓜派香味，地上嘎吱作响的枯树叶。

　　作为红色和黄色的组合，橙色传达的热量和能量，让人联想到火的温暖余烬或日落的光芒。它还带有令人垂涎欲滴的果汁味，是最多汁的柑橘类水果的色调，让人联想到芒果、杏子、柑橙和橘子，以及夏天的一杯冰镇的开胃酒Aperol Spritz。它的象征意义很贴切，因为经常被问到哪个先出现的问题——颜色还是水果。源自波斯语的"narang"，表示水果和树木，早在1512年就有相关的使用记录。橙色是英语中最新的颜色名称之一。它与欧洲新教有密切的联系，其关键人物是荷兰的奥兰治（Orange）国王，他也被称为橙色威廉（William of Orange，1650—1702）。也有人认为，橙色（orange）的名字可能来源于一个名为"Aurenja"的法国小镇。但无论来源于什么地方，这个名字都与颜色交织在一起。橙色在荷兰有着悠久的传统，它代表了奥兰治-拿骚（Orange-Nassau）王朝，该国的国旗和他们的足球队的制服都是这种颜色。

　　由于其阳光灿烂的特征，橙色经常用于表达乐观的时代，在咆哮的20世纪20年代和20世纪60年代，橙色在时尚潮流中得到普及，一次次地卷土重来。凭借其能量和强度，它经常转向不良品位，因为它与其他色调相冲突，当与绿色和棕色混合时变得浑浊不清，就像1970年代的时尚一样。

单独穿戴橙色，通常用于警告危险。它是关塔那摩湾监狱囚犯连衣裤的颜色，也是有毒化学橙剂，交通信号和道路警告的颜色。多莉·艾莫丝（Tori Amos）曾唱过"衬裙下橙色底裤的力量"——一种力量感，来自穿着隐藏在视线之外的明亮而令人震惊的东西。一旦橙色被释放出来，目光就会被锁定。

从水果到颜色

虽然在史前，古人就知道用细黏土和氧化铁可制作生锈的赭石颜料，并将其用于绘制洞穴壁画，古埃及人还用雄黄（一种有毒的矿物颜料）绘制坟墓壁画，但橙色是最近才被正式命名的彩虹颜色。直到16世纪甜橙首次从中东传入之后，英语中才有了这个表示浓郁色彩的词。

从5世纪到12世纪，古英语将某些东西也描述为橙色，将其称为"geoluread"，意思是"黄红色"。在杰弗里·乔叟（Geoffrey Chaucer）的《修女与牧师的故事》（Nun's Priest's Tale，约1390年代）中，有一只狐狸进入了谷仓，它的颜色被描述为"黄与红"。知更鸟的红色胸部和红色的狐狸实际上是橙色的，但是当时没有那个特定词语，人们只能使用最接近的匹配项"红色"来代替。

柑橘类水果，呈完美的圆形，据说在中国种植了大约4500年，然后通过丝绸之路贸易路线向西运输，穿过印度和波斯。15世纪初，葡萄牙商人将甜橙从印度带到欧洲，第一个书面证据是意大利商人的15000个甜橙的销售单，可追溯到1472年。当欧洲人第一次把目光投向这种水果时，他们发现他们没有一个词来指称它，最初将它称为"金苹果"，并将它的颜色命名为"黄褐色"或"木瓜色"。

梵语中橙树的单词"nāraṅga"，据信源于较古老的达罗毗荼语的单词"naru"，意思是"芬芳"。当它从东到西传播时，它成为一个词根，在印度称"naranga"，阿拉伯语称"naranj"，西班牙语称"naranja"，然后在英语中演变为"orange"。另一条演绎路线是从意大利语中对水果的称呼"melarancio"中产生了古法语"orenge"。

到16世纪，甜橙作为奢侈品被引入，种植在被精心维护的、昂贵的橘园温室中，并开始在市场摊位上出售。橙树，在有影响力的欧洲人（如佛罗伦萨的德美第奇家族）眼里，是一种地位的象征。据信它有助于抵御疾病和瘟疫，橙子可以制作"丁香丸"，它可挂在腰部或脖子上作为都铎王朝时期的流行配饰。查理二世的情妇内尔·格温（Nell Gwyn）生活在复辟时代，她衣着暴露，是当时善于调情的"橙色女孩"之一，曾在伦敦剧院向观众兜售进口橙子。

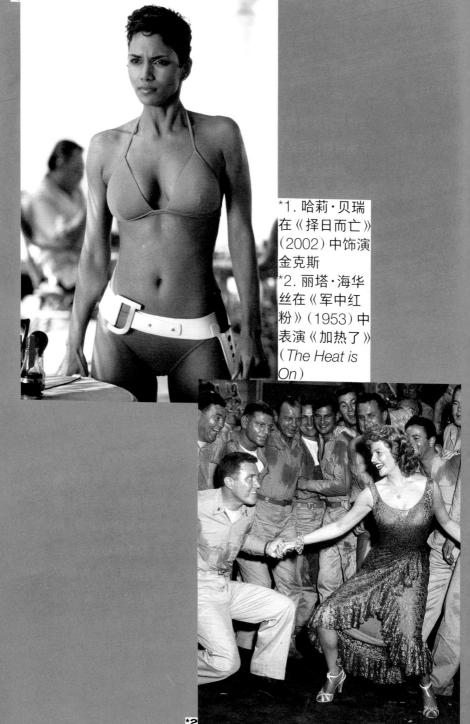

*1. 哈莉·贝瑞在《择日而亡》（2002）中饰演金克斯
*2. 丽塔·海华丝在《军中红粉》（1953）中表演《加热了》（The Heat is On）

根据卡西亚·圣克莱尔（Kassia St Clair）的说法，橙色在1502年首次被记录与衣服有关，当时的记录显示约克的伊丽莎白（Elizabeth）为玛格丽特·都铎（Margaret Tudor）购买了"橙色的薄绸礼服"。渐渐地，"橙色"开始进入文学作品，在《仲夏夜之梦》（约1596）中被描述，威廉·莎士比亚（William Shakespeare）在其中将波顿的演出胡须描述为"橙-黄褐色"，用它来指称棕色调。1576年，一本用希腊语写的3世纪军事史的英文译本描述了亚历山大大帝的仆人穿着天鹅绒长袍，有些是"深红色的，有些是紫色的，有些是灰色的，有些是橙色的"。

直到17世纪，橙色作为颜色的术语才被广泛使用，其较高的使用频率得益于艾萨克·牛顿在1672年发现的光谱。当他透过玻璃棱镜折射阳光并进行一系列分析时，他在黑色、白色、红色、绿色、蓝色和黄色六种公认的基本颜色的基础上，去除了黑色和白色作为颜色，并将橙色与紫色、靛蓝、蓝色、绿色、黄色和红色一起纳入颜色光谱中。

橙色纺织品染色

直到16世纪，可能还没有橙色这个词，但在关于染料历史的书中，人们用各种不同的单词来描述它。在《斯德哥尔摩纸莎草纸》（*Stockholm Papyrus*，300-400）中，它可能被称为"深黄色"或"金色"；在15世纪中叶的《颜色的秘密》（*Segreti per Color*）里，它被描述为"藏红花色"。

橙色可以通过先将织物浸入红色染料桶中，然后再浸入黄色染料桶，或者通过将两种染料结合在一起来实现。还有其他染料用于染印这些温暖的色调。茜草根，广泛用于红色织物，可以加入酸媒染剂产生橙色染料。洋葱皮，传统上是一种黄色染料，当与明矾媒染剂结合使用时，也可以染印橙色。1548年首次出版的 *Plictho of Gioanventura Rosetti* 是内容最丰富的染料手册之一，其中包括用黄栌（一种来自欧洲烟树的染料），可与明矾结合使用配制橙色染料。该手册还描述了创建"木瓜"色调的配方："媒染剂，20磅明矾和2磅谷物。然后拿8磅黄色植物染料，如果找不到黄色染料，就拿'木瓜'或甜木，或一种叫'cioretta'的木瓜，还需要15磅的黄栌草药。"

随着染坊商不断调整他们的橙色配方，这种颜色逐渐成为欧洲精英阶层中最受欢迎的颜色之一。苏门答腊和马来西亚巴西木在十五世纪被进口到威尼斯，它被发现，可以产生一系列的红色色调，从橙色到粉红色到紫色，这取决于它是如何制备的。它开始出现在染色师的手册中，用于创建一系列红色染料，以及在使用醋和尿液等酸性媒染剂的帮助下制成橙色色调。

罗塞蒂（Rosetti）的配方包括使用苏门答腊巴西木材，将羊毛染成"饱满"的橙色。他的方法是使用20磅明矾和3磅谷物，然后在装有10桶硬水的新浴缸中，使用4磅中型块状的茜草。然后，人们必须在新的浴缸中使劲搅动。如果

*1. 玛丽·都铎
（Mary Tudor）
的肖像，1544年
*2. 乔治·巴
比尔（George
Barbier）手
绘珍妮·帕康
夫（Jeanne
Paquin）的设计
（1912）

顺利，可以取出，如未能成功，就返工。然后再加入70磅黄栌，两次浸染。

1662年，当葡萄牙探险家沿南美海岸线航行时，发现了一种生长丰富的、树心橙红色的树木，他们把它称作亚洲巴西木的亲戚。他们给这些树起了同样的名字，"巴西木"，后来人们把当地也称为"巴西地"，这就是"巴西"这个地名的来历，意思是"像火一样发光"。随着南美洲奴隶被用来采伐木材，巴西木材进口到欧洲变得更便宜，其作为染料的广泛需求与用"橙色"来描述其生产的火焰色纺织品恰巧吻合（即需求的火爆与其火焰般的颜色相一致）。

来自中美洲和南美洲的黄连科植物或鲁库树种子的果肉都是橙色织物的流行染料，种子压碎获得一种含有"橙色素"的颜料，这种颜料被土著人用来涂抹身体。在宾夕法尼亚州1860年出版的《600张与黄金等价的杂项贵重收据》(600 Miscellaneous Valuable Receipts worth their weight in gold) 一书中，"橙色素"被列为一种成分，与珍珠灰（一种碱性盐）和明矾一起，用于染色丝绸的橙色。

正如在前一章关于黄色的章节中所探讨的那样，藏红花在古希腊和古罗马作为香料和女性黄色长袍的染料，有过辉煌的历史。当藏红花到达印度时，其鲜艳的颜色被认为是火的代表，是燃烧黑暗的光芒。随着藏红花成为宗教仪式的重要组成部分，印度教神职人员用它来染色长袍，以藏红花提取的橙色成为代表智慧和知识的神圣颜色。

传统上，藏红花长袍也是印度佛教僧侣的服装，随着印度教向东方的传播，橙色是它谦虚和简单的象征，虽然藏红花价格昂贵得令人望而却步。泰国最早的僧侣使用菠萝蜜树的现成红心木材将长袍的织物染成橙色。1966年在美国兴起的克里希那教（Hare Krishna）运动也采用了橙色长袍作为对印度教传统的继承，其核心信仰基于印度教的传统。

20世纪，当印度获得独立时，以藏红花提取的金橙色被选为国旗的颜色之一，以表明它在印度不同宗教中的重要性。在全国各地的市场摊位上堆积的藏红花、赭石、肉桂皮和姜黄，销售火爆，在节日和庆祝活动期间大量使用的万寿菊花串中，橙色也随处可见。

橙色作为爱情的象征

除了作为财富的象征外，这棵丰富的橘子树，其多汁的果实和蜡状的绿色叶子，被认为是爱情和生育能力的代表。在波提切利的《春》和《维纳斯的诞生》中爱情女神维纳斯身着橙色薄纱，背景是郁郁葱葱的橘子树林。橙子被认为是美丽而浪漫的，乔瓦尼·巴蒂斯塔·费拉里斯（Giovanni Battista Ferrarius）写了一本书《赫斯珀里德斯·德·马洛鲁姆·奥雷奥鲁姆文化与乌苏》（*Hesperides Sive de Malorum Aureorum Cultura et Usu*，1646），他在书中写道："所以我认为这个小小的圆形水果能够独享世界装饰品的功名，因为它的金色礼服装饰着我们的地球。"

除了用作纺织染料外，藏红花还被用作绘画颜料，并
用于稳定铜绿色颜料。在16世纪莫卧儿帝国时期，印度流
行微型画。1709年的一幅插图的标题为《班加利·拉吉尼:
来自音乐模式的花环系列对开本》（*Bangali Ragini: Folio
from a ragamala series*），这是大都会博物馆收藏的一部
分，描绘了热带花园中的女性穿着橙色的纱丽。这幅插图
附有一首诗，其中一段描述了一个女人的纱丽，"浸泡着藏
红花，很迷人"。另一幅作品《拉达和克里希纳走在开花
的小树林中》（*Radha and Krishna Walk in a Flowering
Grove*，1720），描绘了一个天堂般的爱情场景，拉达穿着
藏红花色的纱丽凝视着克里希纳的眼睛，太阳的橙色在他们
身后绚丽发光。

在18世纪中叶，当更浅、更亮、更大胆的颜色在欧洲成
为时尚时，橙色取代了红色，成为家具和时尚的理想颜色。
在乔治时代，橙色衣服是女性特别喜欢的，出现在许多肖像
画中。尼古拉斯·富歇（Nicolas Fouché）在他1700年的
波莫纳（Pomona）肖像画中描绘了罗马的果树女神，她穿
着橙色的长袍，手里拿着桃子。让·兰克（Jean Ranc）在
他的画作《韦尔图努斯和波莫纳》（*Vertumnus and Pomo-
na*，1710—1720）中同样描绘了穿着橙色法式礼服的波莫
纳和一篮水果。

波莫纳是19世纪末期拉斐尔派画家，如但丁·加布
里埃尔·罗塞蒂和爱德华·伯恩-琼斯（Edward Burne-

Jones）等前拉斐尔派画家的热门主题，他们画中的水果女神，有火焰般的头发，身着飘逸的橙色或绿色衣服，周围环绕、点缀着橙色水果的树木，这是自然和文艺复兴时期艺术的体现。英国画家阿尔伯特·约瑟夫·摩尔（Albert Joseph Moore）描绘了古典的颓废，他在《石榴》（*Pomegran-ates*，1866）和《仲夏节》（*Midsummer*，1887）的画作中描绘了用粉色和橙色长袍包裹的女性。

橙色在20世纪继续被认为是爱情的象征。通过将她的名字英国化并将她的头发染成充满活力的深橙色，女演员丽塔·海华丝从一位名叫玛格丽塔·坎西诺（Margarita Cansino）的黑发西班牙裔美国舞蹈女孩，出落成全美的"爱情女神"，正如她所称的那样。在《血与砂》（*Blood and Sand*，1941）中她的表演有了大的突破，她穿着暖色调扮演充满激情的角色，海华丝经常被描述为屏幕上的"sizzling"（火辣），她展示的公众形象经常梳理着光艳的红头发。她的一些电影海报，包括《封面女郎》（*Cover Girl*，1944),《吉尔达》（*Gilda*，1946）和《上海小姐》（*The Lady from Shanghai*，1947），都使用橙色作为背景，象征着火热的情欲，这与她屏幕外的生活完全不同。

影片中她的服装，有时是火焰般的颜色，反映了她所扮演的角色的激情，并适合她的拉丁舞者背景，例如在《卡门之爱》（*The Loves of Carmen*，1948）中，她身穿火辣的橙色西班牙式裙子。在《军中红粉》（1953）中，她穿着一件闪亮光鲜的橙色连衣裙，在一个南太平洋酒吧里表演疯狂的音乐《加热了》，酒吧里人群汗流浃背。

1957年上演的《帕尔·乔伊》（*Pal Joey*）讲述了另一件橙色礼服的故事，这是一个潜水酒吧的场景，片中的女主演弗兰克·辛纳屈（Frank Sinatra）扮演薇拉·普伦蒂斯-辛普森，扮演乔伊的男演员，在她面前演唱了"女士是流浪汉"。作为一名前脱衣舞娘，辛普森如今已成为富有的社交名流，她的藏红花色无肩带丝绸礼服，搭配橙色皮草包，不仅让她在阴郁的夜总会中脱颖而出，也暗示了她过去作为艳星的生活。这表明她掌控着一切，因为乔伊把自己交给了她，希望她能资助他梦想中的夜总会。当她表演"迷惑，烦恼，困惑"（Bewitched, Bothered, Bewildered）时，她穿着万寿菊颜色的内衣，红头发散落在肩头，塑造了"爱情女神"的新形象——让人想起1941年在*Life*杂志刊登的一张照片，那照片让她成为美国的头号美女。

橙色的冲突和互补

法国科学家尼古拉斯·路易斯·沃奎林于1797年发现了矿物青石棉，1809年人们应用它合成了一种被称为铬橙的人造色素。其他合成颜料，包括钴橙的出现紧随其后。尽管在维多利亚时代流行色彩鲜艳的礼服，包括前拉斐尔派和印象派画家们也让橙色大量入画，但橙色始终被认为与大多数肤色和头发颜色相冲突。

法国化学家米歇尔·欧仁·切夫勒（Michel Eugène Chevreul）撰写了《色彩对比定律》（*The Laws of Contrast of Colour*，1857），并在书中提出了一些指导原则，包括如何穿戴颜色并将其组合在一起，希望裁缝能够学习他的一些规则，这些规则考虑了肤色和发色与身上织物颜色的搭配。切夫勒说："橙色太亮了，不够优雅。它使白皙的肤色变蓝，使那些具有橙色色调的肤色变白，并让黄色色调的肤色看起来呈现绿色色调。"

1855年版的《戈迪女士手册》（*Godey's Lady's Book*）指出："橙色并不适合每一个人。它会使黑发变白，这不仅不是一个理想的效果，还很丑陋。"同样，在1870年出版的《礼服的颜色》一书中，作者威廉·奥兹利和乔治·奥兹利建议小心使用橙色，"那些金发女郎要避免使用它"。他们补充说，"据说它可能适合那些肤色中或多或少带有一点橙色的，并有一头棕褐色头发的女子。它太过于灿烂和华丽，不能用于礼服，使用的范围很小"。

这些书对橙色持有谨慎的态度，认为它是"一种温暖，突出的颜色"，在自然界和艺术作品中能与之搭配出最佳效果的对比色似乎很少，仅有蓝色和紫色等，同时，这种颜色也"仅仅适合冬季或早春时节穿着"。

虽然橙色在时尚期刊中通常被拒绝作为独立颜色，但当与蓝色结合使用时，它被认为是令人愉快的，奥兹利夫妇将其描述为"完美的和谐"。在夏季，白色棉质连衣裙通常用橙色镶边，或者橙色丝绸礼服搭配白线刺绣。在秋天，有时橙色与绿色和棕色相结合，以唤起时令感。

在20世纪的前几十年里，时尚插画艺术蓬勃发展，正是在这些插画里，橙色开始独树一帜。巴黎著名设计师保罗·波烈委托艺术家用手绘插画来展现他的宝石色、东方风格的时尚，他用这种方法来推广自己的设计，把它们都当作艺术品。

1908年，法国插画家保罗·里贝（Paul Iribe）引入了基于日本技术的模板印刷方法，他应用了橙色、绿色和蓝色颜料层，使波烈浪漫的时尚设计更加栩栩如生。插画家乔治·勒帕普（Georges Lepape）于1911年创作了一系列波烈设计的插图，他用醒目的橙色边框，描绘了系着柑橘色头巾，穿着灯笼裤，具有新艺术风格的女性。在1912年4月 *Les Modes Parisiennes* 的封面上，乔治·巴比尔在月光下的玫瑰园中为两个模特绘制了插图，其中一个模特穿着橙色的灯笼裤，系着头巾，让人想起几个世纪前的印度莫卧儿细密画。在整个20世纪20年代，橙色是 *Vogue* 封面上的一种突出的艺术装饰颜色，像勒帕普这样的艺术家，用插图为那个时代所谓轻浮的时尚披上了金光闪闪的橙色。

意大利设计师艾尔莎·夏帕瑞丽，被丈夫抛弃在纽约。1922年，她以单身母亲的身份回到巴黎，并利用她的社会和家庭关系融入巴黎社交圈。当她收到一个著名舞会的邀请时，她去老佛爷百货公司，购买了四码深蓝色的绉纱和两

*1. *Vogue* 杂志封面，1917年4月

*2. Schiaparelli，2017春夏，巴黎

码橙色丝绸。受到她的导师保罗·波烈的启发，她将蓝色织物披盖在身体周围和两腿之间，而不是将它们缝合在一起，并将橙色丝绸用作宽腰带，系在腰间，并像头巾一样缠绕在头上。她将出席舞会的反应描述为"一种莫名的小激动，没有人见过这样的东西，也没人见过穿着如此别致的女人"。这一刻她的潜力得到了展示，并激励她立志成为一名时装设计师。

夏帕瑞丽最臭名昭著的设计之一是龙虾连衣裙，它是她与萨尔瓦多·达利于1937年合作创作的。龙虾设计是这位西班牙超现实主义艺术家最喜欢的图案，他从1934年开始就在他的作品中展示它，包括《纽约梦——男人在电话中发现龙虾》（New York Dream – Man Finds Lobster in Place of Phone），以及他1936年创作的龙虾电话雕塑。达利为这件连衣裙绘制了橙色龙虾图案原稿，然后，夏帕瑞丽委托丝绸设计师萨切（Sache）将其印在白色欧根纱连衣裙上。

这件衣服被认为是相当滑稽的，因为它将鲜艳的龙虾放在纯白色的裙子上，动物的尾巴覆盖了身体，具有一种性暗示。当备受舆论诟病的沃利斯·辛普森（Wallis Simpson）将它纳入她与爱德华八世（后来的温莎公爵）的结婚礼服之中时，它变得更加臭名昭著。就在婚礼前夕，塞西尔·比顿（Cecil Beaton）在孔代城堡的花园里拍摄了她穿着这件衣服的照片，1937年5月Vogue杂志刊登了一篇八页长的文章，附带刊出了这些照片。辛普森曾因爱德华在1936年退位而受到指责，而这件带有橙色色彩的连衣裙无疑成为一个铁证，证明她是一个厚颜无耻的、不道德的女人。

橙色色调除了代表火热的天性之外，还被认为是秋季时尚的理想选择。1955年8月，英版 *Vogue* 将"万寿菊"誉为"秋天的象征……一种全新的、清晰的色调，从最淡雅的、含苞待放的万寿菊开始，从黄褐色的阴影中绽放出一片深邃的、被阳光灼伤的橙色"。接下来的一个月，他们将"万寿菊"和"黑褐色（最好的，浓郁的咖啡豆颜色）"命名为秋季的重要颜色。

1960年3月，*Vogue* 杂志描述了"热橙"的趋势，并指出："巴黎最令人兴奋的一件事——一种色彩的出色运用——炽热、原始的色彩，照亮了白昼和夜晚。"

Pierre Cardin在20世纪60年代中期基于太空灵感开发了摩登迷你连衣裙系列，后来Pucci品牌也推出了色彩冲突的迷幻印花，两者都对橙色（及其姐妹色调——橘子色）进行了渲染，这种潮流与1960年代末和1970年代的所有时尚情绪保持一致。这是那些穿着Mary Quant和André Courrèges的自信的年轻女性的颜色，她们不怕穿着橙色的迷你连衣裙或乙烯基外套，显得脱颖而出，通常还搭配白色的go-go靴子。

在旧金山海特-阿什伯里区的新艺术风格海报中，橙色是紫色的互补色，它们在充满活力，冲突的漩涡中竞争，捕

*1. André Courrèges，1969/1970年冬季
*2. Hermès成衣，2013年夏，巴黎
*3. 迈克尔·福克斯（Michael J Fox）饰演马蒂·麦克弗莱在《回到未来》（1985）
*4. Calvin Klein成衣，2018/2019秋冬

捉了嬉皮士运动的酸味情绪。吉米·亨德里克斯和深紫色乐队打造了音乐中的紫色天地，橙色的影响也正在崛起，有支电子乐队的名字叫橘梦乐队（Tangerine Dream），齐柏林飞艇组合（Led Zeppelin）有首民谣摇滚叫《橘子》（*Tangerine*，1970）。

到了1970年代，人们对英国罢工感到异常焦虑，对越南战争也感到疲惫，1960年代的迷幻变得荡然无存，此时，时尚又回到了更清醒的保守主义。橙色是一种可以跨越情绪的颜色，从明亮欢快到清醒审慎，这取决于它所搭配的颜色。这十年来的环境问题导致大地色的流行，橘子与自然界中发现的橄榄和棕色相结合。金棕色和焦橙色被织成了学院派格子布和花呢，代表常春藤盟校校园的秋叶颜色，或被印制成柔和的花卉图案运用在波希米亚超长连衣裙上。

在20世纪70年代，橙色被认为是一种中性的颜色，男孩和女孩都适合，当时粉色被女权主义运动拒绝，他们反对将女性归为某类固定的性别角色。橙色作为快乐颜色也被认为适合制作儿童的外套、玩具和运动服，橙色介于粉色和蓝色之间，在20世纪80年代中期开始流行，以冲淡儿童用品中正在出现的性别化趋势。

橙色品牌

由于橙色很容易吸引眼球，因此经常用于商业品牌和广告。它是廉价航空公司EasyJet（易捷航空）的可识别标志，以其空乘人员的欢快、明亮的制服而闻名。

作为Hermès的标志性颜色，橙色也与奢华时尚品牌捆绑在一起，Hermès的橙色礼品盒让人梦寐以求，它是一种身份的象征。1880年Hermès在巴黎成立时，它使用的包装盒是带有金色边框的奶油色，后来变成带有棕色细节的米色。在第二次世界大战期间，由于法国各地的物资供应短缺，纸板供应商只剩下橙色，迫使Hermès改变了他们的品牌形象。从那时起，它就改为橙色了。携带橙色盒子表明人们已经购买了他们的独家提包，包括著名的Kelly（凯利包），它以摩纳哥王妃格蕾丝·凯利的名字命名，或橙色皮革的Birkin（柏金包），它是由女演员简·柏金（Jane Birkin）与爱马仕合作设计的。

2004年，Hermès推出了限量版橙色山羊皮地铁卡封套，以纪念纽约地铁创建100周年。只印制了250个封套，上面印有"地铁百年纪念"的浮雕字样。《纽约时报》提出了这样一个问题："去Hermès购物的人真的会乘坐地铁吗？也许会，也许不会。"在周四的聚会上，不止一个人无意中听到这样的话："这肯定是历史上第一次在同一句话中使用'subway'和'Hermès'这两个词。"

橙色还与普林斯顿大学有联系，普林斯顿大学被认为是美国常春藤盟校中最具进取精神和时尚意识的大学。1867年学校举行了一场棒球比赛，有记录显示那一年橙色和黑色首次被采用为普林斯顿大学的标志性颜色。当时一位名叫乔治·沃德（George Ward）的大一新生建议增加橙色来代表学校的颜色，以纪念橙色威廉（William of Orange），该大学的第一座建筑就是以他的名字命名的。

1868年，学生被允许佩戴饰有橙色丝带的大学徽章，上面写着黑色的"Princeton"字样。这些颜色于1896年被正式采用，1912年首次推出了独特的橙色和黑色的校友夹克，以赠送给回校参加毕业25周年聚会的校友。从1904年的黑色、奶油色和橙色条纹到1916年的亮橙色搭配黑色翻领和纽扣，以及1965年虎纹运动衫的设计，都以大胆的橙色为基础，以此致敬学校的吉祥物和足球队。

监狱连衣裤

当派珀·克尔曼（Piper Kerman）在2010年写下她入狱的回忆录时，她称其为《橙色是新的黑色》，该书记录了她的狱中感受，一位养尊处优、打扮时尚的女人，突然间被要求换上囚犯的橙色连衣裤。克尔曼在她的书中描述了启发她为书命名的那一刻。有一天，她收到了一位朋友的来信，信中放了一张比尔·坎宁安（Bill Cunningham）在《纽约时报》周日版的"大街上"时尚专栏的剪报。剪报上有张照片，全是女性，年龄不同，种族不同，身材不同，但都穿着橙色的衣服，标题为"未开瓶的鲜橙汁"。

克尔曼写道："我小心翼翼地把剪报贴在储物柜门的里

面，每次打开它时，我都会看到我亲爱的朋友的笔迹，以及那些穿着橙色外套、帽子、围巾，甚至推着婴儿车的女性的笑脸。显然，橙色是新的黑色。"

尽管她的书名如此，但实际上，橙色只是给那些转运中的或尚未被完全监禁的人在美国监狱中穿着的。惩教所的正常着装是卡其色裤子和上衣，黑色的工作鞋，穿得像医院的清洁工一样。直到刑期宣判，她被送往芝加哥的联邦监狱时，她才被要求穿上"不合身的橙色男士连衣裤"，这让她感到"有点难为情"。

橙色已经成为监狱的象征色，因为它色彩突出，令人难忘——关塔那摩湾的囚犯穿着橙色衣服，电影《空中监狱》（Con Air，1997）中的危险罪犯也是一身橙色，他们的橙色形象历历在目。在19世纪，囚犯穿着黑白条纹，当时的监狱要求囚犯几人一组锁在一起强制劳动，因而这种黑白条纹囚服也变得臭名昭著。监狱制服的设计最重要的是颜色具有辨识度，这样便于监视囚犯的工作状况或任何动向。各州倾向于引入灰色、棕色或绿色的普通制服，而不是独特的条纹，但直到20世纪70年代，橙色监狱服才出现，用于临时羁押场所或转运。橙色变得无处不在，因为它是囚犯在公共场合的视觉象征，无论是在法庭上，还是被运送到其他监禁设施。

随着《橙色是新黑色》在Netflix线上全球传播，据报道，密歇根州的一所监狱——萨吉诺县监狱将囚犯的制服从橙色改为条纹，因为橙色成了平民喜爱的一种颜色，他们穿着橙色的连衣裤、长袍和裤子，将其作为化装舞会上的奇装异服。警长威廉·费德斯皮尔（William Federspiel）告诉MLive.com，"有些人在商场或公共场所穿着全橙色的连衣裤，看起来很酷，但也有人认为很像萨吉诺县监狱的囚犯的衣服。因而，它成了一个令人担忧的问题，因为囚犯有时也会出现在公共场合，我不希望产生任何混淆，也不想驱赶那些普通民众"。

反乌托邦橙色

正如出于安全原因使用黄色一样，橙色被用于救生衣、浮标和反光工作服，因为它在夜间和雾中有清晰的可见度。在电影《回到未来》（*Back to the Future*，1985）中，时髦的少年马蒂·麦克弗莱发现自己回到了德洛里安的时光，回到了1955年，那一年他父母第一次坠入了爱河。他的服装，包括牛仔夹克、褪色牛仔裤、Nike运动鞋、Calvin Klein内衣和橙色防寒背心，这样的服饰成了电影的笑点，1950年代的人肯定会对1980年代的时尚感到困惑。

午夜时分，马蒂与埃米特·布朗医生在商场见面时，他穿上了防寒背心，因为它很适合夜晚玩滑板滑雪时穿着，暖和、可视度高。当他被带回到20世纪50年代，这件背心经常被误认为是救生衣。当他进入希尔谷的餐厅时，店主卢问他："你做了什么，跳船？"比夫·坦宁的一伙人还开了个玩笑："把这个家伙身上的救生衣脱下来。多克认为他会淹死！"当他发现自己在母亲洛林童年时的家中时，她的母亲斯特拉都认为他在海岸警卫队工作，问他会在港口待多久。直到20世纪60年代，防寒背心或厚的无袖马甲才首次作为运动服出现，在滑雪时作为外层穿着，其颜色为橙色，被认为是斜坡上能见度很高的颜色。

橙色防护服套装具有较高的能见度，它在流行文化中的使用，创造了一种反乌托邦的形象。它已成为电影中一个老套的比喻：人物角色被包裹在宇航员风格的装束中，行动缓慢，并通过呼吸器吸入空气。在1998年的电影《世界末日》（*Armageddon*）中，布鲁斯·威利斯（Bruce Willis）和本·阿弗莱克（Ben Affleck）带领的剧组以慢镜头拍摄他们穿着橙色太空服在停机坪上大步前行，准备冲入平流层拯救世界。

正如赛琳·卡勒（Sirin Kale）于2020年3月在一篇关于防护服套装在电视和电影中流行的文章中写的那样："防护服套装对电影制作人如此有用，部分原因在于它使肉眼看不到的东西变得具有能见度：疾病对生命构成的威胁。虽然防护服套装的颜色取决于制造商及其使用地点，但橙色是这些视觉标志中最受欢迎的标志之一，因为它与其他所有事物相比，更能脱颖而出，并能针对危险，提出明确的警告标志。"

对于Calvin Klein的2018秋季系列，首席设计师拉夫·西蒙斯在美国证券交易所的现场创造了一个反乌托邦的愿景，现场覆盖着一堆爆米花，模特们穿着焦橙色的防护服、白色的涉水裤，头戴针织的巴拉克拉瓦帽（balaclavas，帽子裹住头、颈和脸的大部分）在T台上行走，嘎吱作响。正如《洛杉矶时报》的亚当·茨克霍恩（Adam Tschorn）在2018年2月14日指出的那样："一旦节目开始，橙色防护服套装，巴拉克拉瓦帽和厚重的圆头实用靴，就清楚地表明了这一点。这是美国中西部的未来景象，全球变暖或者可能是核战争导致玉米田里的玉米大量爆裂。模特们代表了环境清理者，穿着这样的橙色防护服套装，预示着在环境灾难的笼罩下，人们的努力和抗争让工作服走进了西方时尚的走秀台。"

Prada 2018秋季系列采用花呢半身裙搭配橙色尼龙夹克，夹克上夹着姓名标牌，穿着者脚穿橙色鞋套，仿佛正在进入实验室。这种反乌托邦风格的趋势，将橙色防护服提升为时尚单品，捕捉了时代的情绪。它反映了人们对政治不稳定、街头抗议和气候变化的担忧和压力。全球焦虑在2020年Covid-19大流行期间达到顶峰，恰似灾难电影《极度恐慌》（Outbreak，1995）所呈现的场景，橙色防护服套装似乎更加合适。

尽管橙色防护服套装具有反乌托邦的内涵，但与其他颜色结合使用时有时产生华丽的效果，橙色代表着温暖、自信和幸福。与Z世代的黄色和千禧一代的粉色一样，橙色在

Instagram时代卷土重来，成为一种大胆的、外向的选择。时装作家劳拉·克雷克（Laura Craik）于2011年11月19日在《泰晤士报》上写道："时尚爱好者不会穿荧光橙色打底裤；但它会是时尚达人的专属。"女演员安雅·泰勒-乔伊（Anya Taylor-Joy）于2020年在*Wonderland*杂志上登了一张照片，她身着一件明亮的橙色Bottega Veneta大衣，这次拍摄强化了这样一种观点，即橙色对穿着者来讲，是一种挑战，通常只有最时尚的人才具有足够的勇气穿上它。

　　虽然橙色是一种将我们与精致的柑橘类水果联系起来的颜色，也是在波提切利和前拉斐尔派绘画作品中，经常看到的、象征爱情和生育的颜色，但它也是一种传统上被认为难以穿着的颜色。无论是在20世纪60年代和70年代橙色表现出了与浑浊的紫色和棕色的冲突，还是后来成为防护服套装和监狱连衣裤上的颜色，具有明显的警示标志性，对于橙色来讲，有一件事是肯定的——它始终是一种重要的颜色。

*1. 安雅·泰勒-乔伊在2021年威尼斯电影节上

*2. 泰勒·席林（Taylor Schilling）饰演《橙色是新的黑色》（2013—2019）中的派珀·查普曼

吉吉·哈迪德（Gigi Hadid），
纽约，2018年

Brown 棕色

棕色是大自然的主要颜色之一。它色调朴实、丰富，能营造出一种温暖和家的感觉，从丰富的木质内饰到皮革和麂皮的天然色调，再到粗花呢夹克的舒适感，传统上，人们认为粗花呢外套的色调可以与苏格兰金色、蕨类覆盖的松鸡沼泽地的色调相融合。它是一种模糊的颜色。正如德里克·贾曼在关于颜色的书《色度》（*Chroma*，1993）中所写，"棕色没有单色波长。棕色是一种暗黄色"。将红色、黄色和蓝色三原色混合在一起，形成了一系列复色，从米色、灰褐色、棕褐色、栗色和铁锈色，到那些有着诱人、舒适名字的颜色——栗色、可可、咖啡、摩卡、拿铁、太妃糖、焦糖。所有这些棕色的色调都被认为是中性的、可靠的，可以搭配更张扬、更明亮的颜色，并且能够与绿色或橙色结合，象征着自然和健康。

巴黎丽兹酒店的海明威酒吧笼罩着一片褐色的薄雾；酒店配备了木制面板、桌子和椅子，营造出一种老式的魅力，在这个酒店里，难得有一个这样的地方，它不受过度时尚装饰的影响，作家欧内斯特·海明威（Ernest Hemingway）的幽灵仍在这里徘徊；这是他最喜欢的酒吧之一。第一位名人室内装饰设计师埃尔西·德·沃尔夫（Elsie de Wolfe）也钟爱这种柔和的色调。当她第一次看到雅典的帕台农神庙时，她被那块天然石头迷住了："它是米色的！我的颜色！"对于可可·香奈儿来说，米色是让她想起大自然的颜色。"我喜欢米色，因为它是天然的。不是染色的"，她曾说，她把它作为自己的主要颜色，融入自己的服装系列中。

传统上，棕色一直是裤子的常见色调，无论是浅黄色马裤，摄政时代的灯笼裤，还是常春藤联盟风格的卡其裤，还是复古的灯芯绒裤子。人们认为棕色是可靠和严肃的，但也是无聊和幼稚的，缺乏魅力。穿着粗花呢夹克的牛津大学教授，肘部带有棕色皮革补丁，或者穿着棕色西装上班的商人，经常因为他们的时尚感而受到诋毁。

棕色不是红地毯上常见的颜色。然而，也有不少的例外，包括朱莉娅·罗伯茨（Julia Roberts）在1990年奥斯卡颁奖典礼上穿着简约低调的浅棕色Armani礼服；在2002年的颁奖典礼上，哈莉·贝瑞身着巧克力棕色的Valentino；格温妮丝·帕特洛亮相2020年金球奖时身穿的棕色Fendi透明薄纱礼服。尽管有这些亮眼的华丽，但对于一些负面含义，棕色也难逃干系。纳粹的Sturmabteilung，或称"冲锋队"，是20世纪20年代和30年代崛起的纳粹党的准军事组织，他们穿着第一次世界大战遗留下来的棕色制服。他们实际上是被雇佣的暴徒，这种制服被统称为"棕色衬衫"。穿上这种制服，成为有威胁性的棕色团伙，就像贝尼托·墨索里尼（Benito Mussolini）的意大利国家法西斯党的黑衬衫一样。

但最重要的是，棕色的色调渗透到了某些重要的时尚单品之中：Jaeger品牌的创新驼色大衣和Burberry的米色战壕风衣。这两种大衣都是常春藤联盟风格的核心，还有军队的卡其布，后来卡其布本身就成为了一种时尚。但在棕色成为时尚之前，它曾是社会上最贫穷的人所穿的一种颜色。

穷人的布料

中世纪引入的限制奢侈的有关法令，为富人保留了红色、紫色和黑色等浓烈、昂贵的染料，而棕色织物与灰色、褪色的黄色和绿色一起被降到了最底层。它不是一种像提尔紫色那样发光的颜色，也不具有像红色那样让人联想到富丽堂皇的光彩。相反，它常常显得单调乏味。

将布料染成棕色的早期方法是用矿物和含有特定元素的泥土（如赭石和铁锈）涂擦布料，这些元素会与树脂、唾液和尿液结合，固定在布料上。媒染剂中发现的铁化合物将天然染料固定在织物上，当与植物单宁结合时，也会使织物变黑，这是公元前14世纪古埃及人使用的一种方法。中世纪的染料制造手册中很少有棕色的配方，这意味着人们对棕色的需求远不及享有盛誉的黑色和红色。

棕色大多用于制作廉价粗布，供那些社会上最贫穷的人使用。1363年，爱德华三世统治时期，议会颁布了一项限制奢侈的法令，规定穷人只能用一种赤褐色的粗毛布做短袜和紧身衣。法律规定，最卑贱的人"不需要穿得有模有样，披上一条12便士的廉价棕色毯子足矣"。

作家托马斯·哈代（Thomas Hardy）怀念他在19世纪40年代和50年代初工业革命爆发前童年的乡村生活，他在小说中表达了对传统的农民服装风格的渴望，他经常将他们的乡村服装与风景相比较，并将服装与环境联系起来，成为自然的一部分。在《原住民的归来》（*The Return of the Native*，1878年）中，哈代描述克莱姆·耶布赖特在埃格敦荒野上砍伐荆豆野草，它看起来像是"黄褐色的，与他周围的场景相比，与吞噬叶子的绿毛虫没有什么区别"，荒野似乎穿着一件"老式棕色连衣裙"。在《丛林人》（*The Woodlanders*，1887）中，树木穿着"地衣外套和苔藓长袜"。在《远离疯狂的人群》（*Far from the Madding Crowd*，1874）中，他将"柔软的棕色苔藓"比作"褪色的天鹅绒"。

"米色"一词最早出现于19世纪，它是从法语中借用来的，指的是用未染色的羊毛制成的布料，因为它代表了一种浅褐色，后来被用作贬义词，用来形容平淡乏味的人或物。

早在维京时代，人们就开始穿天然羊毛，据说他们当时就能选择柔软的、天然米色或棕色的羊毛制作袜子、内衣、紧身裤和手套，他们使用了一种称为nålebinding的钩编技术。羊毛对维京人至关重要，能确保他们在长途海上旅行中保持温暖——直到20世纪，挪威海员仍在使用这种钩编技术。

19世纪末，随着苯胺染料毒性的恐怖资讯在公众中传播开来，米色和棕色的农布吸引了那些希望回归健康自然、远离毒害的服装改革者。德国博物学家古斯塔夫·耶格（Gustav Jaeger）博士撰写了著作《健康文化》（*Health Culture*，1887），书中他发表了关于医疗改革的论文。对于应对疾病和保持健康，他提出了许多明智的建议，比如经常打开卧室窗户，使用"健康"的羊毛制品。他认为天然的、未染色的羊毛可以接触皮肤，可用来织袜子，他认为天然的棕色羊毛比白色羊毛，在健康方面更为优越，因为白羊身上的羊毛很可能是掺假的，或者是通过非自然的选择性繁殖获得的。在他的书中，有一个年轻女子穿了不舒适的鞋子和化纤长袜参加舞会，跳了一整夜舞，结果很恐怖。染料中的毒液通过她脚上的伤口进入血液，为了挽救生命，她不得不接受双脚截肢手术。

在一系列奇怪的实验中，耶格测试了各种染色衣服对身体神经的影响，他用秒表来对比测试穿着黑色衣服与浅棕色衣服的跑步数据。他发现，在这两个实验中，与穿用靛蓝或原木染色的黑色套装的人相比，穿棕色套装的人反应更快、跑得更远。1884年，英国商人刘易斯·托马林（Lewis Tomalin）成立了耶格博士的健康羊毛有限公司，开始按照耶格博士的要求生产产品。这种理念以及对棕色色调的喜爱发展成了Jaeger品牌，该品牌推广羊毛和其他动物纤维，从棕色羊毛套装到天然羊毛内衣和驼色大衣，以促进健康和保暖。

18世纪的米色和暗黄色

1774年，17岁的乔治亚娜·斯宾塞夫人（Lady Georgiana Spencer）与第五任德文郡公爵（5th Duke of Devonshire）结婚后，凭借她的美貌和才智，以及对时尚的敏锐眼光，一夜成名。无论她穿什么，报纸都会报道，伦敦和巴黎的女性都会收藏。她将三英尺长的羽毛用作头饰，开启了发髻上的滑稽饰品风尚，她还将词语"德文郡棕色"（Devonshire brown）引入了词典。

德文郡公爵夫人作为一位重要的女政客，产生了重要的社会影响，她与更进步、更民主的辉格党结盟，他们穿着米色和蓝色的服装和领导人查尔斯·詹姆斯·福克斯（Charles James Fox）参与竞选。她甚至为查茨沃斯庄园的身材魁梧的侍从们的制服挑选了颜色。辉格党的米色长裤和马裤影响了男性时尚的进程，成为男性制服的重要组成部分，代表着

*1

*2

*1. 托马斯·盖恩斯伯勒的《乔治亚娜，德文郡公爵夫人》（*Georgiana, Duchess of Devonshire*, 1783）
*2. 威尔士王子查尔斯和王妃戴安娜，1981 年在巴尔莫勒尔度蜜月
*3. 20 世纪 40 年代，Jaeger 的驼色大衣广告

on

JAEGER

更进步、更亲美的政党现代性。

18世纪，随着人们对运动和户外活动的兴趣的增加，作为对精致、挑剔的时尚的一种回应，简单、粗糙的天然棕色布料被富人用于户外穿着。1798年，小说家霍诺雷·德·巴尔扎克（Honoréde Balzac）将其称为"布匹与丝绸之战"，当时18世纪的男式服装有重工刺绣装饰的传统，搭配白色长袜和带扣鞋，但是这种风格正在被更简单、更粗犷的风格取代。

博·布鲁梅尔（Beau Brummell）在摄政时期为绅士们树立了时尚标准，他从1794年至1798年在魅力四射的威尔士王子军团的第10皇家骑兵团中服役，获得了很多关于时尚的灵感。他倡导了一种流线型的新古典主义风格，包括紧身马裤和长裤、白色衬衫、上浆的领子和领带、蓝色军装大衣和铮亮的汉森靴（Hessian boots）。

18世纪末，英国武装部队及其海外战役促成了一种新的风格，从手套到大衣，天然皮革、休闲色和棕褐色都融入了流线型外观。

为了模仿希腊神的瘦削体形,他们穿着高加索血色的鹿皮马裤或暗黄色羊毛长裤,裤子很紧,以至于男人们都不穿内裤。为了显示腿部发达的肌肉,穿着者有时会使用衬垫来装饰小腿。有一个故事讲的是一些男人坐在浴缸里浸泡他们的预缩水紧身裤(shrink-fit breeches),就像20世纪50年代和60年代的年轻人穿着预缩水牛仔裤一样。这些紧身马裤或长裤经常被描述为"羞于言表",因为穿着它可以突显身体的性感部位,能显示肌肉发达的腿部,以及裆部周围的每一个细节。

粗花呢的故事

1981年,威尔士王子和王妃在巴尔莫勒尔度蜜月,在全世界媒体的关注下,他们在田园诗般的高地风景中合影留念。查尔斯王子穿了一件罗赛格子裙和一条苔藓绿V领衫,而戴安娜则选择了一套Bill Pashley的粗花呢狩猎服,朴实的方格图案营造了整体的米色效果。颜色和面料选择表明她在皇室中得到的认可。自19世纪以来,乡村粗花呢一直是英国贵族在乡村庄园中最爱穿的衣服,这种织物的颜色与荒原的风景浑然一体,其灵感来自生长着蕨草和荆豆的泥土。

对于周末参加狩猎和射击等乡村活动的贵族来说,粗花呢是他们衣橱中必不可少的一部分。它最初是由外赫布里底群岛的苏格兰牧民生产的一种实用织物，但正是沃尔特·斯科特爵士（Sir Walter Scott）在19世纪30年代引领了一种时尚——男士们穿着粗花呢裤子和射击夹克，粗花呢作为一种温暖耐寒的织物，是户外运动服的理想选择。

当自行车在19世纪90年代首次出现时，女性热衷于骑自行车，因为她们可以独立地在街上穿行，而不需要马车、马匹或男性的伴侣。"理性着装协会"成立于19世纪80年代，是女性主义运动的一个部分，致力于为参加户外活动的女性提供实用的服装。该协会积极推广粗花呢，将其作为适合她们分体裙子的面料，这种裙子在风格上接近裤子，因而引起了一些争议。维多利亚时代女性时尚，大多讲究色彩艳丽的褶边裙，尽显华丽，但是这种淡棕色的粗花呢很难为女性所接受，最初人们对它嗤之以鼻，很多人认为，对女性来说，它过于阳刚和粗鲁。

第一次世界大战后，随着服装为女性提供了更多自由，男性休闲运动装也广受欢迎，粗花呢在男性和女性时尚中广泛流行，用于驾车和打高尔夫球等户外运动。当时，这个星球上最时髦的人，爱德华八世，后来的温莎公爵用一件优质的哈里斯粗花呢（Harris Tweed）夹克，搭配有补丁的射击服和高尔夫球裤、方格袜，做了一个完整服装搭配样式。

温莎公爵的衣橱虽然很大，但他也很节俭，他向我们展示了粗花呢夹克有多结实——他穿着他父亲的一套1897年的Rothesay狩猎服。1960年，公爵写到他的祖父伯蒂

（Bertie）那一代："他们和我的父亲穿粗花呢，就像他们穿其他衣服一样，并不是为了放松，而是作为一种具有特定目的的服装。"

本·阿弗莱克在2012年的电影《逃离德黑兰》（Argo）中饰演了20世纪70年代末在伊朗的一名中情局成员，他穿着哈里斯粗花呢夹克，这是一个适合那个时代的服装选择。正如阿弗莱克扮演的间谍托尼·门德斯（Tony Mendez，现实中确有其人）透露的那样，哈里斯粗花呢夹克在整个冷战期间都是美国间谍的常见服装。粗花呢夹克是一种微妙的信号，表明他们在针对苏联的国际行动中所进行的秘密工作。"那是我们的制服"，门德斯在2013年告诉《卫报》。"夹克是我们团队的象征。我们中情局中的人常常身处海外，从事着野外工作。如果你在野外参与一次闪电行动，你会穿上一件战壕风衣。如果你正在追踪伊万（苏联及其盟友），你就需要一件哈里斯粗花呢外套。"

粗花呢夹克看似平实，不引人注目。穿着者大多是诚实之人——也许是大学教授或地理老师，但织物的多样性，柔和的棕色与橘色和橄榄绿混合，增加了个性。亚历山大·麦昆对苏格兰传统面料有着浓厚的兴趣，他将粗花呢融入了自己的设计中，在以希区柯克电影为灵感的2005/2006秋冬系列中，也不乏它的存在。

在新千年的"嬉皮士"运动中，穿着花粗呢被认为是一种讽刺的手段。千禧一代或Y一代（出生于1980年至1995

年）生活在战争和恐怖主义的阴影下。在这种不稳定和普遍
存在的社会不公正的背景下，他们在过去的事物和对自然的
欣赏中寻求安慰。随着2008年的金融危机和对气候变化的
担忧，这种情况尤为严重。粗花呢帽子、背心，脸上的胡须
讲述了更简单、更怀旧的时代，它缅怀过去，但带有现代的
扭曲。

卡其色制服

第一次世界大战爆发时，热心的志愿者报名加入了英国
军队，并穿上了新的卡其布制服。尽管这些还未成为战斗老
手的男人身上的制服显得臃肿不合身，但年轻女性看到穿着
制服的男人时还是非常兴奋，据说她们患有"卡其热"。对
于那些还未报名参军的年轻人来说，当时的招聘海报上的问
题让他们感到羞愧："你为什么不穿卡其色？"第一次世界大
战的卡其布与其说是灰褐色，不如说是橄榄绿色，这个名字
可能掩盖了它的起源。它可能涵盖了一系列颜色，从橄榄色
到暗褐色、浅褐色和米色，这取决于它被用于指代哪支武装
部队。

"卡其布"一词起源于乌尔都语"卡其"（khak）一词，
意为灰尘，据说是哈里·卢姆斯登爵士（Sir Harry Lums-
den）发明的，他于1846年在白沙瓦召集了一支向导队伍，
并用泥巴来伪装他们的制服。他称之为"drab"（土褐色）。
米色色调最初是用大量的茶、咖啡、泥土甚至咖喱粉对白布

*1

*1. 莫伊拉·霍华德
（Moira Howard）穿
着Rensor花呢大衣,
伦敦, 1947年
*2. 1941年至1945
年女兵征兵海报
*3. 朱莉娅·罗伯茨
出席1990年第62届
奥斯卡奖颁奖典礼

*2

MAN'S PLACE IN WAR

The Army of the United States
has 239 kinds of jobs for women

WOMEN'S ARMY CORPS

*3

进行染色而成的。从1885年起，印度的所有兵团都会收到一套卡其布制服，包括束腰外衣和裤子，因为这种颜色使士兵们比以前穿红色夹克更隐蔽。

当英国于1939年9月3日对德国宣战时，立即出台了《国民服役（武装部队）法》，所有年龄在18至41岁之间的男性都要求登记服役，并选择自己的服役方式。英国皇家空军以其著名的蓝色制服著称，绝对是最受欢迎的，其次是海军，其需求量最大，吸收了大部分男性兵员。新兵们领到的是粗糙、不合身的卡其布制服，英国皇家空军（RAF）士兵曾戏称海军的工作是"棕色工作"（brown jobs），这表明他们的身份地位只是机器上的另一个齿轮罢了。

虽然一些新兵不得不穿上第一次世界大战中"汤米"（Tommies，指英国士兵）穿的制服，但在1938年，军队推出了一种新的卡其布"战斗服"，包括一件短上衣和一条宽松的米色羊毛哔叽长裤。这种制服被认为是最有效率的军服之一，它也激发了美国陆军的野战夹克的设计灵感，该夹克于1941年底美国参战后正式推出。

尽管有人抱怨战斗服的夹克和裤子都开线了，但在1939年受训士兵被派到法国作战时，穿着卡其布还是让人感到自豪。约翰·威廉姆斯（John Williams）中士对那些未能参军的人表示遗憾："我们玩得很开心！我们是士兵，所有的女孩都认为我们聪明英俊，而那些可怜的家伙还躲在防空洞里或办公室里干活。"

第二次世界大战中，女性也加入了武装部队，虽然女性限于参与辅助空军（WAAF）和皇家海军女子服务队（WRNS，也称Wrens，鹪鹩）的工作，但蓝色的制服依旧最受欢迎。不过那些加入航空运输辅助队（ATA）的女性只能穿着不那么受推崇的卡其布制服，它是第一次世界大战机械运输队（MTC）的服装。战争期间，20万名妇女加入了辅助领土服务队（ATS），从事驾驶、打字和行政管理、烹饪、防空和探照灯电池制作等工作，她们的卡其布制服被普遍认为是过时和不讨人喜欢的。甚至连她们的长袜都是卡其色的——这与皇家海军女子服务队迷人的黑色长袜形成了鲜明的对比。1945年春天，当伊丽莎白公主以司机和技工的身份加入ATS时，才提升了卡其布的威望和尊严。

ATS还为贫困背景的女孩提供了更好的生活机会。她们一天吃三顿饭，有自己的床，相比以前，许多人拥有了更多的新衣服。其中包括：三条卡其色锁边针织内裤（当时拥有几条内裤是罕见的），卡其色哔叽束腰上衣和裙子（其内衬为卡其色棉布），还有一件卡其色衬衫和一条卡其色领带。虽然这些制服可能是不受欢迎的棕绿色，而且看上去有些破旧，但女孩们仍拉紧腰带，试图创造出美丽的沙漏形身材。

虽然卡其布不太受英国士兵的待见，但卡其布也有一种声望，特别是1942年美国士兵穿着卡其布抵达英国海岸时，彰显了它的魅力。他们的制服颜色被称为"橄榄褐色"，搭配了浅棕色衬衫、领带和帽子。

历史学家约翰·基根（John Keegan）记得他小时候曾观看过诺曼底登陆日（D-Day）的集结，他看到的英国士兵"从头到脚都穿着卡其布……剪裁不整齐、造型不一、毛茸茸的，以致在这些穿着卡其布的队伍中，几乎找不一个令我钦佩的人"。但当美国人到达时，他和学校的朋友们惊讶地发现"士兵穿着光滑的卡其布，看起来和我们士兵身上穿的完全不同，我们的衣服仿佛来自旧货拍卖市场推销的卡其布"。同样，斯蒂芬妮·巴特斯通（Stephanie Batstone）撰写了《鹪鹩的回忆录》（*Wren's Eye View*），她在回忆自己在皇家海军女子服务队的日子时写道，她在沃灵顿参加了一个"美国佬"（Yank）舞会，与美国士兵跳舞，"你的手放在那块光滑、泛白、美丽的衣服上，你的眼睛与美国士兵肩部闪光的东西平齐……他们穿着合适的鞋子，而不是带鞋钉的靴子，他们从来不会踩到你的脚"。

常春藤造型

第二次世界大战后，卡其色长裤成为常春藤盟校风格（俗称Ivy风格）的一部分，这是一种休闲的、运动的风格，借鉴了英国贵族传统，并融入了美国的实用风格。对此，FIT（时尚技术学院）博物馆副馆长帕特里夏·米尔斯（Patricia Mears）有过这样的记忆，"常春藤"盟校于1954年正式成立，当时美国大学体育协会第一分部会议正在召开，其名称源于建立校际体育规则的愿望。它最初代表了四所最负盛名的大学——哈佛大学、耶鲁大学、普林斯顿大学和哥伦比亚大学——使用罗马数字IV。而另一些人则指出，早在1888年就有小说将这些大学描述为"ivy-covered"（常春藤覆盖的）或"ivied"（常春树覆盖的）。

20世纪20年代和30年代，常春藤联盟风格渗透到了美国的WASP（白人的盎格鲁-撒克逊的新教徒）大学校园，受到英国花花公子风格的影响，尤其是温莎公爵的影响，他酷爱诺福克夹克（Norfolk jackets，因诺福克公爵而得名）和花呢西装。虽然常春藤联盟（Ivy League）融合了丰富的色彩，但从卡其色长裤到朴实的粗花呢夹克和棕色Weejun鞋，棕色在色调上占主导地位。1935年秋季，*Apparel Arts*杂志指出，新生的装扮是"宽松的三扣棕色人字纹设得兰西装、米色法兰绒塔特索尔背心和棕色外套"。

20世纪60年代，年轻的日本男子身着常春藤联盟风格的服装出现在东京街头，这种亚文化被称为"aibii"，意为"常春藤"，几十年后，又被称作"爸爸风格"（dad style）。1965年，商人石津昭介（Shosuke Ishizu）正在研究如何将美国时装卖给日本人，但由于风格太复杂了，他派了一个团队到常春藤联盟的主要校园亲自考察。在他们的观察中，被列为造型必备元素的是一件平纹或人字形粗花呢夹克、一件驼色polo衫、一件米黄色或橄榄棕色的连肩袖的polo衫或Burberry外套，以及一件米色府绸高尔夫夹克、一件绗缝的滑雪服、一件棕色粗呢外套。

常春藤联盟风格成为所有美国设计师，包括拉尔夫·劳伦（Ralph Lauren）和汤米·希尔费格（Tommy Hilfiger）等所推崇的"学院风"风格，并在20世纪70年代蓬勃发展，作为对嬉皮士运动的拒绝，代之以更经典、更保守的风格。1968年，史蒂夫·麦奎因（Steve McQueen）在《布利特》（Bullitt）中饰演了一名有男子气概的警探，这是一种更加坚韧、更加都市化的电影制作风格。麦奎因扮演的警探弗兰克·布利特很酷，他穿着棕色人字形花呢夹克，黑色polo衫，米色大衣有时随意地搭在肩上。他的联合主演杰奎琳·比塞特（Jacqueline Bisset）与他的风格相得益彰，也穿了一身实用而又不落俗套的衣服，其中包括一件高翻领的驼色大衣。

常春藤联盟风格的流行也得益于1970年上映的电影《爱情故事》（Love Story）。瑞安·奥尼尔（Ryan O'Neal）和艾莉·麦克劳（Ali MacGraw）身穿由珀尔·索姆纳（Pearl Somner）和爱丽丝·马诺吉安·马丁（Alice Manougian Martin）设计的服装，引领了一种国际潮流，他们的服装具有学院风格。这部电影在披头士乐队于1970年初宣布解体之前在影院上映，标志着20世纪60年代爱情的结束，暗示经典美国运动服风格的回归。尤其是麦克劳的驼色大衣，与奥尼尔的米色polo外套、棕色羊皮夹克和斜纹棉布休闲裤相得益彰，他们漫步校园，坠入爱河。

最初的驼色大衣是由耶格设计的，于1919年推出，从

*1. 《爱情故事》中的瑞安·奥尼尔和艾莉·麦克劳（1970）
*2. 罗伯特·雷德福德（Robert Redford）和芭芭拉·史翠珊（Barbra Streisand）在《往日情怀》（*The Way We Were*，1973）中

奥利维娅·巴勒莫（Olivia Palermo）参加2019年9月巴黎时装周

而提升了伦敦在世界时尚版图中的位置，能与巴黎并驾齐驱。虽然"驼色"这个词准确地表示了黄褐色，但这件大衣的名字实际上来源于耐寒的骆驼毛。骆驼是一种动物，可以在沙漠中的酷热白天和寒冷夜晚存活下来，骆驼的毛发可以制造出一种独特的耐用织物。在第二次世界大战期间，当丝绸、皮革和羊毛短缺时，骆驼毛的供应意味着这些外套能随时买到，耶格将其纳入战时实用服装系列。如今，大多数"驼色"外套都是用羊毛或其他天然纤维制成的。

驼色大衣是20世纪60年代末和70年代电影里服装的主要单品。在剧情片《往日情怀》（1973）的最后一幕中，芭芭拉·史翠珊饰演的角色在纽约街头穿着米色风衣，她看到了由罗伯特·雷德福德（Robert Redford）扮演的前情人，她开始调整束腰驼色大衣的领子。虽然根据剧情安排，他们各自都有了新的伴侣，但身上相似的浅棕色大衣将他们联系在一起，尽管二人意识到无法团聚。虽然这部电影的背景设定在几十年前，但电影画面非常具有70年代的特征，展现了这种风格和经典色彩的永恒品质。这激励了后来的法国时装设计师安妮·玛丽·贝雷塔（Anne Marie Beretta），她于1981年创作了标志性的101801 Max Mara驼色羊绒大衣，并认为"这件大衣是最好的庇护所"。简单的风格和颜色成为Max Mara的品牌特征，并以其经典的极简主义著称。

战壕风衣

　　学院风的另一个重要元素是米色风衣——由英国经典品牌Burberry打造而成。乡村帆布商托马斯·巴伯里（Thomas Burberry）开发了一种防水防风面料，他申请了华达呢专利，该面料于19世纪90年代首次上市。它原本是为野外运动设计的，后来在第一次世界大战的战壕中被军官们使用。20世纪20年代，当米色、黑色和红色格子衬里首次推出时，它成为了中性时尚单品，也是葛丽泰·嘉宝（Greta Garbo）和玛琳·黛德丽（Marlene Dietrich）等中性风格女演员的最爱。

　　千禧年伊始，独特的Burberry格纹出现在比基尼、棒球帽和头巾上时，立即被人们识别出来，它的地位从最初的高档品牌转变为"chav"风格的象征，维多利亚·贝克汉姆（Victoria Beckham）等明星被拍到穿着格纹服装，从而使它更加流行。

　　为了重塑Burberry，并重新定位其独特性，克里斯托弗·贝利（Christopher Bailey）于2004年被聘为创意总监。他重新塑造了这个已经变得沉稳的品牌，使其成为酷炫的代名词，保留了经典的米色华达呢束带风衣，但加强了其中性风格的属性，演员卡拉·德莱文尼（Cara Delevingne）和埃迪·雷德梅恩（Eddie Redmayne）在2012年由马里奥·特斯蒂诺（Mario Testino）担纲摄影师的广告中穿了Burberry的这款风衣。

丑时尚

中性色是20世纪70年代的标志色——棕色与橙色和绿色相结合，在政治动荡和不稳定时期，这些颜色朴实、传统且稳定。时尚品牌Biba于1973年大张旗鼓地开设了一家创新的、但短暂经营的百货商店，这家百货商店复制了爱德华时代的新艺术风格，将顾客带入了深褐色的怀旧情绪之中。《纽约时报》对此进行了描述："环境布景非同寻常。深棕色的主色调，柜台有棕色镜面，反射着摩卡咖啡色的灯盏，映照着地上覆盖的地毯，甚至连垃圾桶也映照在镜面上。"

1995年，英国独立乐队Pulp凭借其单曲《普通人》（*Common People*）的巨大成功，对流行文化产生了不可磨灭的影响。主唱贾维斯·科克（Jarvis Cocker）以棕色粗花呢夹克、裤子和华丽的聚酯纤维衬衣等杂乱无章的组合，开创了极客时尚（geek chic）造型。恰似旧货拍卖。Prada在1996春夏系列"Banal Eccentricity"（平凡的古怪）中也采用了这种风格，它被媒体戏称为"丑时尚"（ugly chic，丑美丑美的）。模特凯特·莫斯和安贝尔·瓦莱塔（Amber Valletta）穿着20世纪70年代的A字裙和大翻领衬衫走上T台，几何图案将泥褐色与柠檬色、茄子色和铁锈色混合在一起。1996年5月，《华盛顿邮报》的罗宾·D.吉夫汉（Robin D. Givhan）在秀评中写道："一切尽在丑陋中。"她描述了这些颜色是如何"在黏液和霉菌的阴影之间徘徊。棕色是模糊的——水会变成这样的颜色，在漫长而潮湿的夏天里滞流

*1

*2

*1. 1986年10月在巴黎举行的
Azzedine Alaïa时装秀
*2.《布利特》中的史蒂夫·麦奎因
*3. 2009年，米歇尔·奥巴马在白宫
为印度总理举行的晚宴上

*3

变腐"。

亚历山大·弗瑞(Alexander Fury)在《独立报》上写道，Prada的丑时尚系列"让我们都穿上了巧克力色，并推动了古着的销量。回想起来，这以类似于Christian Dior1947年的'新风貌'的方式，引发了一场巨大的时尚变革"。

裸体色调

Azzedine Alaïa1987春夏系列，模特们穿着弹力贴身连衣裙聚集在巴黎街头，这被称为"body-con"（紧身）造型。在不同色调的奶油色和棕色中，服装与模特的肤色相融合。"裸体"或"肉色"常被用来形容浅棕色，据说它能与皮肤融合，但它的局限性在于它只适合白色皮肤。

2009年11月，第一夫人米歇尔·奥巴马在欢迎印度总理的国宴上穿了一件米色连衣裙，上面饰有设计师纳伊姆·汗(Naeem Khan)设计的银花图案。当美联社记者将其描述为"裸色"时，这一术语引发了广泛的争议，他们匆忙将其描述更新为"香槟色"。《卫报》2010年5月的一篇文章提出了这样一个问题："裸色：流行色是种族主义吗？媒体网站Jezebel问道："何为裸色？谁能拥有？"

"裸色"是2010年的一大趋势，主宰了春季和夏季系列，并出现在主流出版物的时尚评论中。2010年5月的*Elle*杂志刊文，"裸色是春夏的颜色"。

保拉·科科扎（Paula Cocozza）在《卫报》上写道："这不仅仅是对一种颜色的描述，它让人反感，它也是造型的方式，也是整个潮流的概念。""在巴黎、米兰、伦敦和纽约的T台上，这些浅色调几乎等同于白色的皮肤，彼此交融。这只是一种与白色皮肤相近的色调。"

几十年来，深肤色在很大程度上被时尚和美容行业所忽视，直到身体自爱运动（the body positivity movement）的兴起才推动了肤色多样性和包容性。除了宣传接受不同的体型外，这场运动还推广了适合所有肤色的化妆方法，并让传统的"裸色"（nude）和"肉色"（flesh）这两个词语的内涵沦为历史。

近年来，裸色高跟鞋已成为剑桥公爵夫人青睐的衣橱主打单品，但它们是浅色和米色的，并不适合其他肤色。克里斯蒂安·卢布丁（Christian Louboutin）是最早解决这个问题的人之一，他推出了一系列不同色调的裸色高跟鞋。桃色、浅粉色的芭蕾舞鞋传统上被认为是"裸体"的颜色，直到2018年，英国一家名为Freed的制造商与芭蕾舞黑人舞蹈团联手，推出了全色系的舞鞋。

当女商人阿德·哈桑（Ade Hassan）因找不到与自己皮肤相配的紧身衣或内衣而感到沮丧时，她于2014年推出了Nubian Skin系列，该产品目前在全球50个国家销售。由歌手兼设计师蕾哈娜创立的Fenty Beauty品牌于2017年9月推出，轰动一时，它的粉底霜和遮瑕膏有40种不同的色调，满足了各种长期被忽视的肤色群体的需求。像MAC Cosmetics这样的公司，虽然它们也有各种各样的色调，但Fenty公司还是登载广告，欢呼有色女性的包容性的胜利，据报道，在其上市的头40天，其销售额达到了1亿美元。《时代》杂志将其评为2018年的50家天才公司之一，原因是"它拓宽了化妆品的色调"。

　　金·卡戴珊的Skims是一系列由尼龙和氨纶制成的塑身内衣，旨在勾勒身体轮廓，使其更光滑、更柔软。尽管这些衣服的本质是为了显瘦，但其目的是使各种体型和肤色的女性对自己的身材更自信。传统上，塑形服装只有米色或黑色，而卡戴珊开始为不同肤色的女性设计了九种颜色。她将最苍白的命名为"沙"、最暗的为"玛瑙"，介于之间的有"赭石""锡耶纳"和"氧化物"。2020年，她告诉《纽约时报》："我找不到与我肤色相配的东西。更不用说，当我的女儿们长大了，我怎么能为她们找到合适的东西呢？"

　　"棕色"包含了一系列含义，从传统的维多利亚风格的红木客厅里的花呢夹克到经典的米色Burberry战壕风衣或驼色大衣，它们都是街头风格的主打单品。棕色可以被认为是邋遢、单调和低俗的，也可以象征健康和朴素，但正如围绕"裸色"和"肉色"的辩论所表明的那样，它是一种内容广泛且难以定义的色调。

Red  红色

1852年，新奥尔良有一位南方美女——朱莉·马斯登（Julie Marsden），她是一个活力四射的姑娘，她挑衅地选择穿上一件闪闪发光的红色礼服去参加奥林匹斯舞会（Olympus Ball），当时未婚女子的着装标准是纯洁的白色，因此她立即遭到了社区的排斥，受到羞辱，这迫使她与未婚夫普莱斯（Pres）解除婚约。1938年，贝特·戴维斯（Bette Davis）在电影《红衫泪痕》（*Jezebel*）中饰演了虚构的朱莉，人们由此更加了解这条红色连衣裙的威力——这件衣服将她变成了一个遭人唾弃的对象。她被比喻成了巴比伦的妓女——在圣经艺术中，她只能身穿红色的斗篷，骑在红色野兽的身上——对于朱莉来讲，只有表现出完全的谦卑和悔恨，在一个传染性很强的黄热病群体中，牺牲自己来照顾普莱斯，才能救赎自己。

这部黑白电影未能像彩色电影那样生动地展现那种令人震惊的红色，而是通过一种特殊的灰色来表现。事实上，服装设计师奥里·凯利（Orry Kelly）使用了一种有光泽的锈棕色织物来创造这种错觉——但朱莉大胆的行为，以及她羞愧的表现，让我们看见了它的红色。这件红色裙子的设计灵感来自1936年好莱坞的一个真实事件，嘉宾名单上有电影业精英，女主持人卡罗尔·伦巴德（Carole Lombard）要求出席的女嘉宾都穿着雪白的正式礼服，没有一丝颜色。女演员诺玛·希勒（Norma Shearer）迟到了，她是米高梅（MGM）高管欧文·塔尔伯格（Irving Thalberg）的妻子，穿着一件引人注目的猩红色礼服。她性格好胜，是一个在比拼魅力中毫不示弱的女人，她相信自己能吸引所有的目光。

正如八卦专栏作家赫达·霍珀在1945年回忆的那样："她穿过休息室，走下维克多·雨果老餐厅的台阶……舞会举行的地方，诺玛·希勒被目光扫过，她满脸珠光地笑着，确信屋子里的每一只眼睛都盯着她。因为她穿着你见过的最红的晚礼服。这是大厅里唯一的火红点！"

"人们惊呆了，仿佛都倒抽了一口气。我看到卡罗尔的脸色比她穿的圣洁的白色连衣裙还要白。然后她转身离开了那个地方。我看见一个高大、黝黑、非常英俊的男人在追她。他跟着她走出门，带她回家。他的名字叫克拉克·盖博（Clark Gable）。那是他们真正开始浪漫的夜晚。"

红色代表一个警告标志，就像警笛的闪光和交通停止红灯，或者詹姆斯·迪恩在《无因反叛》（*Rebel without a Cause*, 1955）中的那件风衣，穿红色的女人成为我们在房间里唯一看到的女人。当卡梅伦·迪亚兹（Cameron Diaz）在1994年的电影《面具》（*The Mask*）中首次亮相时，她穿着一件紧身的红色连衣裙，长度齐大腿，在帮助策划银行抢劫时，她用自己的衣服作为掩护，就像1999年的《黑客帝国》（*The Matrix*）中，一个穿着红色连衣裤的女人的出现，分散了尼奥的注意力一样。从1988年《谁陷害了兔子罗杰》（*Who Framed Roger Rabbit*）中的杰西卡，到次年《一曲相思情未了》（*The Fabulous Baker Boys*）中的米歇尔·菲弗（Michelle Pfeiffer），都是穿着红色衣服的女人，引起了人们的注意，令人惊艳。她穿的衣服表明她完全能控制自己的感官。

因为红色很吸引眼球，所以它经常被认为是不合适或俗气的，就像在全白舞会上穿的红色连衣裙一样。在《红衣新娘》（*The Bride Wore Red*, 1937）中，琼·克劳福德（Joan Crawford）饰演卡巴莱歌手安尼，她在一个小木屋度假村装扮成贵族，这是皮格马利翁风格的赌注的一部分。安尼一直梦想着穿一件红裙子，以满足她为自己创造更好生活的愿望。由于不了解上流社会的习俗，她的女侍者警告她不要穿这件衣服——"不要穿这条红裙子，至少不要在这里穿它"——但安妮不听，她选择了这个时机，穿上红色礼服。这件礼服是米高梅服装设计师阿德里安的杰作，手工缝制的红宝石喇叭珠闪闪发光。但她意识到这件衣服"太俗气，太低贱"，只会发出错误的信号。

小红帽

小红帽的猩红斗篷也许是文学史上最著名、最古老的红色衣服。关于穿红衣服的女孩、她的祖母和大灰狼的传说可以追溯到1023年左右，这是列日主教埃格伯特（Egbert）的口述故事。

在1697年版的故事《红色小护卫》（*Le Petit Chaperon Rouge*）中，查尔斯·佩罗（Charles Perrault）将小红帽描述为"有史以来最漂亮的生灵"，她戴着一顶红帽，这是她亲爱的祖母为她做的。她的红色服装是她的性别标志，是对年轻女孩的警告，提醒她们不要和可能会捕食她的陌生男人说话。1812年格林兄弟的故事以这样一句话结尾："小红帽对自己说，'只要我活着，我就永远不会离开小路，一定听妈妈的话，没有允许不会跑到树林里去'。"根据传统习俗，女孩在节日里或去探望亲人时，必须身着她们最好的红色衣服，红色衣服是中世纪女孩最为渴望的衣服。

红色的象征力量在文学、故事和传说中常有描述，特别是在童话中，红色经常与白色和黑色一起被提及。在《小红帽》中，红色是她的兜帽的颜色，黑色的是狼，白色的是她的黄油（或蛋糕，取决于你读到的故事版本）。这三种颜色也出现在格林兄弟的童话故事《白雪公主》中，白雪公主的母亲希望她"像雪一样白，像血一样红，像木头一样黑"。

红色、白色和黑色是人类最早认识的三种原色。它们被用于早期的洞穴绘画和艺术中，并被基督教采用。作为颜色象征的第一个例子，红色代表鲜血和生命，黑色代表黑暗，白色代表纯洁和圣灵。在这三种颜色中，红色被认为是第一种"真正的"颜色，因为它有一个明确的波长，而白色反射所有颜色，黑色吸收所有颜色。

红色的力量

红色对古埃及人有着巨大的意义，既有负面的，也有正面的。它象征着太阳的燃烧、暴力和破坏，以及战争和混乱之神塞特，他经常被描绘成一头红发野兽。红色也象征着血腥、权力和生命，比如生育女神伊西斯，她经常被描绘成戴着红色腰带。提耶特护身符由红碧玉、玛瑙或红色玻璃制成，象征着伊西斯的血滴，被认为可以用她的魔法保护佩戴者。提耶特也被称为伊西斯结，类似于用来吸收月经血的布料，将红色与女性赋予生命的力量联系在一起。

同样，在旧石器时代，红色被认为具有保护性和神秘性。墓地里发现了红色赭石色的骨头和牙齿碎片，人们用其制作护身符、项链和手镯。在罗马时代，红色织物和珠宝也被放置在坟墓中，红宝石是最珍贵的。红色被认为可以温暖身体，唤起性欲，刺激心灵，驱赶有毒生物。

在传统的中国新年或婚礼庆典上，你会看到一串串红灯

*1. 周昉（730—800）的《簪花仕女图》
*2. 阿格诺洛·布朗齐诺（Agnolo Bronzino）的《托雷多的伊莲诺拉肖像画》（Portrait of Eleanor of Toledo，约1545）

德国版《格林童话》中的小红帽插图

笼和红包。在中国，红色是一种吉祥的颜色，象征着欢乐、幸运和庆祝，新娘在婚礼当天通常会穿上红色礼服和戴上红色面纱来图吉利和驱邪。同样，在印度教文化中，红色是婚礼的传统颜色，象征着幸福、生育、纯洁和激情，新郎戴着红色头巾，新娘戴着红色纱丽，眉心点了红点。

红色最持久的内涵是火与血，它们都是权力的终极象征，因为它们能激发生命和死亡。早期基督教将红色与地狱的毁灭性火焰、魔鬼和妖怪联系在一起，但到了12世纪和13世纪，红色开始象征基督的血，罗马的红衣主教们穿着红色斗篷和戴着红色帽子。法官和从事法律工作的人也穿着红色来代表正义。正如米歇尔·帕斯托罗在他对红色的研究中所写的那样，"权力的红色、罪恶的红色、惩罚的红色、鲜血的红色：我们将发现这种颜色的象征意义将持续到现代"。

红色染料的历史

在古代，红色染料主要由两种物质制成：茜草植物的根和被称为"红蚧"（Kermes）的雌性昆虫的干体。Kermes得名于波斯语中的"红色"，这些物质在文艺复兴时期一直是红色染料的主要来源，直到西班牙殖民美洲。

这种茜草属植物的粉色根，拉丁学名为Rubia tinctorum（染色茜草），是最古老、最广泛用于染色织物的物质之一。从以色列南部的蒂姆纳山谷发掘的纺织品碎片，被发现是用茜草染成红色的，可以追溯到公元前11世纪至公元前10世纪。

红蚧经常被误认为是小麦或种子的微小斑点，在欧洲语言中被称为"grain"（谷物），在整个古代世界都有广泛的交易。在公元1世纪，老普林尼（Pliny the Elder）指出，"用红蚧染出的红色织物，能与花的颜色相媲美"，实属首屈一指。不过要从这些以橡树汁液为食的小昆虫身上提取染料，绝非易事。红色染料只来自雌性红蚧，必须在它们准备产卵的时候捕捉它们。然后，将它们在阳光下晾晒，碾碎后挤出红色的汁液，从大量的胭脂虫中才能获得少量的染料。

从公元前2世纪起，红花（safflower）在中国和东亚被用于丝绸染色，为精致的礼服创造红色和腮红色色调，如9世纪早期周昉的绢本设色画《簪花仕女图》中所描绘。虽然红花染的红色会很快褪色，但直到19世纪，胭脂虫红（cochineal）或洋红（foreign red）才被广泛使用。对日本人来说，红色象征着奢华和性感，而它是通过使用红花和日本茜草来实现的。有一个例外：18世纪的高级武士穿着一种无袖夹克或武士外套（jimbaori），是由从欧洲进口的贵重红色羊毛制成，这种红色羊毛是用胭脂虫染色并用锡作媒染剂固定颜色的。

中世纪的英国是羊毛生产大国。当欧洲从15世纪开始与强大的西非王国贝宁进行贸易时，鲜红色的羊毛价值极高。这是一种适合制作皇室成员的布料和颜色，没有国王的允许普通臣民是禁止使用的。

这些红色染料中没有一种能与美洲的胭脂虫竞争。胭脂虫是一种以多刺梨仙人掌为食的昆虫，它创造了迄今为止发现的最亮、最不易褪色的红色。和红蚧一样，这种染料是通过在阳光下暴晒雌性昆虫并将其浸泡在水中提取的，但它能产生10倍量的着色剂，并取代了其他红色染料，以满足人们的需求。

印加人从1430年代到1532年统治着从厄瓜多尔北部到智利南部的广大地区，他们将红色与宗教和文化，以及神话传说联系在一起。据说，第一位帮助人类在地球上繁衍生息的印加女王玛玛·奥克略（Mama-Ocllo）就是穿着红色连衣裙从原始洞穴中走出来的。胭脂色服装在印加文化中有着重要的地位，在那里它们充当着向神传达信号的角色。印加文化的祭祀仪式中，身穿红白相间服装的年轻女性被祭祀给雷神伊利亚帕。

1572年，印加王室的最后一位成员图帕克·阿马鲁（Túpac Amaru）被西班牙侵略者用铁链锁着，押进库斯科的中心广场，并在那里被处决。他穿着西班牙风格的斗篷和双色胭脂红天鹅绒，头上戴着皇室头饰（mascapaychu），额头上有红色流苏。他被带到刑台上，死于绞刑，人群中多达1.5万人，他们目睹了印加文明的终结，听见了印加王室最后一位戴着红色头饰的统治者面对死亡的痛苦呐喊。

16世纪初，红蚧是欧洲最有价值的红色染料来源。但

到了16世纪末，它已被胭脂虫取代。自此，胭脂虫成为西
班牙帝国最有利可图的商品之一，它们借势掠夺黄金，横
扫整个大陆，从土著人民手中征服了土地。到16世纪中叶，
西班牙船队每年从美洲向欧洲运送125至150吨干昆虫。
由于高昂的赏金，西班牙船只成为海盗和英国帆船抢劫的目
标。伊丽莎白一世最喜爱的朝臣之一，埃塞克斯第二伯爵罗
伯特·德弗罗（Robert Devereux）于1597年捕获了大量
的胭脂虫，不久之后，他穿着一件鲜红的长袍为自己留下了
一幅精美的肖像画。

　　从西班牙到荷兰和法国，从墨西哥到菲律宾，以及沿着
丝绸之路到中东都有胭脂虫贸易。胭脂虫从16世纪中叶开
始被用来制作奢华的威尼斯天鹅绒，在阿姆斯特丹，有许多
利润丰厚的染色厂，它们为制作英国红色大衣制服而对英格
兰羊毛进行染色，并为贵族中女性生产涂在脸颊上的胭脂。

　　1548年，乔万文图拉·罗塞蒂（Giovanventura Ro-
setti）的《染色艺术指导》（*Instructions in the Art of the
Dyers*）在威尼斯出版，这是第一本关于染色的印刷书籍。
书中提到了红色染料的配方，原料是红蚧和茜草，而不是胭
脂虫，制成的红色系列称威尼斯红。在文艺复兴时期的意大
利，红色颜料非常重要。书中提到如何使用从南美热带地区
进口的巴西木提取物的色素，这些提取物可以产生粉色色
调，添加到茜草中作为补充。虽然最初对其使用有限制，但
在16世纪中叶，胭脂虫制成的红色染料在意大利广泛流行，

那时红衣主教的斗篷和帽子都是红色的。

18世纪，在阿姆斯特丹的纺织中心，染色工人通过在染色溶液中添加盐，甚至姜黄，创造出了深紫红色和亮橙红色的织物。1789年让·赫洛特（Jean Hellot）撰写了《羊毛、丝绸和棉花的死亡艺术》（*Art of Dying Wool, Silk and Cotton, described*），他将胭脂虫的颜色描述为"火红色"的，"略带橙色……火红而耀眼……，这种美丽的颜色，这种聚集性昆虫被称为Meztique或Texcale，在墨西哥很繁盛"。

1715年启蒙运动期间，深红色不再流行，取而代之的是桃红色、矢车菊蓝色和柠檬黄色，此时法国宫廷时装已成为整个欧洲的主流风格。然而，对于较贫穷的阶层的女性来说，红色礼服仍是她们最珍惜的服装，是逢年过节的盛装，而男性此时流行穿茜草染成的红裤子——这是时尚向下渗透的一个例子。

1868年，当德国化学家卡尔·格雷比（Carl Graebe）和卡尔·利伯曼（Carl Liebermann），以及英国化学家威廉·铂金发现如何合成茜素（一种红色染料）时，天然茜草的价格稳步下降，因为现在不用天然染料就可以生产出茜草红。紧随其后的是"品红"（fuchsine），法国化学家弗朗索瓦·埃马纽埃尔·弗金（François Emmanuel Verguin）于1859年发现的一种浓郁的深红色。拿破仑三世战胜奥地利帝国之后，它被重新命名为"洋红"（magenta），在接下来的十年里，它是当时最流行的化学色调之一。1884年，保罗·博蒂格（Paul Böttiger）发现了"刚果红"（Congo red），这是第一种不用媒染剂就能直接将染料固定在棉花上的染料。

尽管合成染料有所发展，但1914年夏天，法国步兵报名参战时，他们还是穿着茜草红色裤子和帽子。他们的制服从1870年起一直保持不变，在静谧的战场上，红色成为德军最容易攻击的目标。1915年春天，在经历了巨大的生命损失之后，法国军队放弃了茜草红色的裤子，换上了一件不那么引人注目的制服。

文艺复兴时期的红色

1495年在巴黎首次印刷了一本匿名编写书籍《纹章、书籍和货币的颜色》（Le Blason des Couleurs en Armes, Livrées et Devises），书中说：

> "作为一种美德，红色意味着高贵的出生、荣誉、华丽、慷慨和勇敢。它也是正义和慈善的颜色，是表示对主耶稣基督纪念的颜色。它与其他颜色相结合，可提升其他颜色的地位，更显高贵。在一件衣服上，红色能给穿着者更大的勇气。红色与绿色相配，红色更亮丽，意味着青春和快乐。与蓝色相

配、更显智慧和忠诚。与黄色相配，表现出贪婪和自私。红色与黑色不相配，但可与灰色搭配，突显一种希望，与白色相配，能突显两种颜色的美丽，代表着最高的美德。"

在中世纪，红色是人们喜爱的颜色。对于男人来说，它代表着权力和荣耀，是战争和狩猎的着装的颜色；对于女人来说，它象征着美丽和爱。红色衣裙的设计是为了引人注目，吸引对方，在中世纪的骑士比赛中，女士会把她昂贵的红色荷包送给骑士，作为爱情的信物，据说把红色荷包系在骑士的长矛上会带来好运。

制作鲜艳的深红色和猩红色花费昂贵，但它作为优雅和美丽的象征，受人追捧，因此，红色在整个欧洲仅适用于最高级别的公民。自1337年以来，奢侈品法的实施有两个目的：通过限制进口来保护国内经济；通过强化人们的社会地位，来巩固阶级制度。当时流行的奢华的红色纺织品，是用红蚧而非茜草制成的，它被称为"escarlate"或"scarlet"（猩红色），scarlet原本是指非常昂贵的细羊毛面料。由于这些羊毛面料通常是红色的，所以人们用scarlet这个词来定义这种颜色。

到了文艺复兴时期，红色已经取代了紫色，成为意大利皇室的颜色，只有某些特权阶层才能穿这种颜色。例如，1558年，皮斯托亚的妇女被禁止穿着用红蚧染色的衣服，

*1. 琼·克劳福德在《红衣新娘》
(1937) 中
*2. 米歇尔·菲弗在《一曲相思
情未了》(1989) 中

佛罗伦萨的已婚妇女也是如此。由于费用昂贵，用红蚧染色
的威尼斯围巾成为精英的专属。茜草和红蚧的染色严格分
开，以确保两种不同质量的染料不会混合。妓女、麻风病患
者和罪犯佩戴茜草或巴西木染色的帽子或围巾，以表明他们
是社会的弃儿。

多梅尼哥·吉尔兰达约（Domenico Ghirlandaio）在
他的壁画中描绘了佛罗伦萨最杰出的公民，他们穿着精美
的红色衣服，出现在《圣经》的场景中。在《探访》（The
Visitation，1491）中，女士们穿着绯红的长袍和斗篷，而
在几年前的《将约阿希姆驱逐出圣殿》（The Expulsion of
Joachim from the Temple）中，男士们穿着红色斗篷和
帽子。提香（Titian）也是一位伟大的画家，他用朱砂颜料
调制的朱红创造出微妙的色差和色调，从精致的粉色到勃
艮第红葡萄酒色。在《圣母升天记》（The Assumption of
the Virgin，1516-1518）中，玛利亚身穿红色长袍升天，
引人注目。

托莱多的埃莉诺（Eleanor）是佛罗伦萨第二任公爵科
西莫·德·梅迪奇（Cosimo de' Medici）的西班牙妻子，她
得到丈夫的信任，在他外出旅行期间，代替丈夫打理生意。
凭借她开创的慈善事业和她自己的商业天赋，她成为了一位
有权有势的夫人，她穿着最奢华的时装，最精致的丝绸和天
鹅绒，华丽闪亮。1543年，阿格诺洛·布朗齐诺（Agnolo
Bronzino）为她描绘了一幅肖像画，她穿着一件深红色的

丝绸长袍，上面绣着金线，并点缀着珍珠。她每天都穿着红色丝袜，令人仰慕。埃莉诺40岁死于疟疾，死后下葬时，脚上穿着红色长袜，身上穿着一件与布朗齐诺为她所画的肖像中相类似的红色连衣裙。1540至1580年期间，佛罗伦萨时代唯一幸存下来的礼服，目前收藏在比萨的皇家国家博物馆。这是一件富丽的红色天鹅绒礼服，与埃莉诺的葬礼礼服风格相似。

在英国皇家宫廷中，就像文艺复兴时期的意大利一样，红色织物受到皇室的青睐，因为从红蚧中提取深红色染料的费用很高。一开始，亨利七世并不是众人所期望的国王——1485年他击败理查德三世是出人意料的——因此，为了巩固他作为合法统治者的地位，他为自己和准新娘——约克的伊丽莎白（Elizabeth of York）大肆花钱。1485年秋天，他买了10码深红色天鹅绒和6码赤褐色锦缎，以及64块貂皮，为新晋的都铎王后打造一个与权势相配的新衣橱。

为了确保国王是宫廷中最耀眼、最令人印象深刻的人物，下一任国王，亨利八世于1510年颁布了一项关于服装的奢侈法。紫布、金色或紫色丝绸仅限国王及其直系亲属使用，而深红色或蓝色天鹅绒也只限级别等于或高于授勋骑士的人穿着。作为对仪式随行人员的奖励，亨利向他们颁授了深红色天鹅绒外套，上面装饰着银色都铎玫瑰。他还向一些大师级工匠颁发了红色羊毛大衣和红色羊毛帽。

虽然西班牙阿拉贡的凯瑟琳喜欢黑色，但据传亨利八世的其他五位妻子都喜欢穿着红色。1536年，年轻的汉斯·霍尔宾（Hans Holbein）画了一幅肖像画——简·西摩（Jane Seymour）穿着一件红色天鹅绒礼服。亨利八世的第六任妻子凯瑟琳·帕尔（Catherine Parr）以迷人和受过教育而闻名，她经常穿着深红色的衣服，以配合她赤褐色的头发和苍白的皮肤。1544年2月18日，在纳杰拉公爵（Duke of Najera）的宫廷招待会上，她穿着"一件金色的开襟长袍，袖子里衬着深红色的缎子，饰有三层深红色的天鹅绒，裙边长超过两码"。

猩红衬裙

1587年2月8日，苏格兰玛丽女王被处死时，她那悲哀的黑色绸缎长袍被脱掉，露出了深红色的紧身胸衣和衬裙，根据当代的研究，这件裙子几乎是锈褐色的。正如安东尼娅·弗雷泽（Antonia Fraser）在1969年对这位斯图亚特女王所著的传记中所描述的：

> "她脱下黑色的衣服，露出红色的衬裙，上身穿着一件红色缎子紧身胸衣，蕾丝镶边，领口在后面剪得很低；她的一位女佣给她穿上红色的袖套，因此，死去的苏格兰女王全身穿着红色，这是鲜血的颜色，也是天主教殉道仪式的颜色。"

在玛丽女王去世前20年，即1536年5月19日，安妮·博林在伦敦塔被处决时，她穿着一件宽松的深灰色长袍，里面穿了一条深红色的衬裙。对于这位即将面临过早死亡的女性来讲，红色展现了她的女性品质。在都铎时期，红色也是女性衬裙的常见颜色。

16世纪，有一段很长的时间，天气异常寒冷，被称为小冰河时期，泰晤士河在15世纪70年代曾结冰。为了保暖，人们穿着多层保暖衣物，如羊毛和毛皮。正如安德鲁·布尔德（Andrew Boorde）1542年出版的《赫斯的染料》（*A Dyetary of Helth*）一书所建议的那样，红法兰绒被认为能提供额外的温暖和预防疾病。法兰绒的天然纤维有助于调节温度，而暖红色被认为可以抵御身体寒战和发烧，因为它与火有联系，所以能提供心理上的舒适。伊丽莎白女王一世患猩红热时，病得很严重，她用猩红法兰绒裹住自己，以帮助康复。

即使到了19世纪，红色羊毛法兰绒仍然是一种温暖的物品。1810年推出的一件红色羊毛法兰绒"骑装式外衣"或骑马服，现被日本京都服装研究所收藏，它在当时时尚的薄纱连衣裙上添加了一件保护外套。在拿破仑战争中，英国人对红色的选择也影响了军装的配色。用胭脂虫染色的红色制服，是全国各地城镇中的常见景观。在《傲慢与偏见》中，丽迪雅对韦翰的红色制服非常着迷，班纳特夫人评论道："我记得有一次我自己也很喜欢红色外套……"

到了19世纪50年代末，女性越来越多地参与到上流社会的活动中，为了便于行走，她们剪短了裙边，露出猩红的衬裙，五颜六色的条纹长袜也暴露无遗。红色羊毛"加里波第"紧身胸衣的流行，是19世纪60年代的另一个时尚潮流。它的名字来自意大利革命家朱塞佩·加里波第（Giuseppe Garibaldi）的名字，其设计具有绅士衬衫的风格。这是一种带有男子气概的女性风格，是女性衬衫的前身。

情色与欲望的红色

红色长久以来一直是欲望的象征，暗示那种在非法、情色和浪漫中的欢愉。意大利丝绸天鹅绒通常以红色石榴图案为特色，这是文艺复兴时期流行的图案，象征着生育能力和排他性——因为它们来自中东，进口成本昂贵，只有富人才能买得起。其他水果也具有这种象征意义。无花果被认为是性感的，因为它们的形状和紫色的内部代表了阴道，红色的水果，如樱桃和草莓，被认为是爱情的象征。

虽然红色可以代表浪漫的欲望，但它也象征着与卖淫有关的越轨行为，这源于"妓女之母"（mother of harlots）。在《圣经·启示录》中，巴比伦妓女身穿紫色和猩红色的衣服，骑在"猩红的野兽"身上，"被圣徒的血和耶稣殉道者的血灌醉"。

中世纪末期，欧洲的一些城镇和城市要求妓女穿上红色衣服，以表明她们是罪孽深重的女人，就像纳撒尼尔·霍桑

*1

*1. 卡门·卡斯（Carmen Kass），Christian Dior 2006春夏秀场
*2. 西尔莎·罗南（Saoirse Ronan）在《玛丽女王》（*Mary Queen of Scots*，2018）中饰演玛丽·斯图亚特

*2

（Nathanial Hawthorne）1850年小说《红字》（*The Scar-let Letter*）中海丝特·白兰佩戴的红字"A"那样。他写道："她自己的衣服是用最粗糙的材料做成，色调最阴暗，只有一件饰品——红字——这是她注定要穿戴的。"

在巴黎美好时代的歌舞厅里，有钱人和上层人士混迹在混浊的人群中，观看奢华而活泼的康康舞表演。红磨坊的名字让人联想到19世纪妓院外悬挂的红灯，以及舞台上即将拉开的红色帷幕。亨利·德·图卢兹-劳特雷克在1894至1895年间创作了《磨坊街的黄金沙龙》（*Au Salon de Rue des Moulins*），描绘了妓女的生活，她们倚靠在红色天鹅绒上，身穿红色和粉色长袍。

朱塞佩·威尔第（Giuseppe Verdi）的歌剧《茶花女》（*La Traviata*）被译为《堕落的女人》（*The Fallen Woman*），讲述了一位巴黎妓女维奥莱塔的悲惨故事，她希望为了真爱逃离自己的生活。这个故事基于大仲马的《卡梅利亚夫人》（*La Dame aux Camélias*），也为《风月俏佳人》（*Pretty Woman*，1990）和《红磨坊》（*Moulin Rouge*，2001）等电影提供了灵感。在这两部电影中，红色连衣裙都很引人注目。妮可·基德曼（Nicole Kidman）饰演了萨汀，她穿着一件红色缎子礼服，这与她作为红磨坊最受欢迎的舞者和妓女的地位相匹配。红色也象征着激情，就像她在歌舞厅花园里的巨大的大象雕塑上表演音乐时一样，穿着红裙子，她和伊万·麦格雷戈（Ewan McGregor）作为基督徒，表达了彼此的爱。

　　在《风月俏佳人》中，茱莉亚·罗伯茨穿着一件红色连衣裙去旧金山歌剧院，观看《茶花女》，对她来说，这部歌剧正是她自己的真实写照。电影中，她穿了一件红色歌剧礼服，服装设计师玛丽莲·万斯（Marilyn Vance）认为这件礼服相当于1964年《窈窕淑女》（My Fair Lady）中的"大使馆舞会"礼服，是这部电影中情欲表现的巅峰之作。对此，导演加里·马歇尔（Garry Marshall）不得不接受，没法用黑色舞会礼服取代这件红色的歌剧礼服。"加里不想要红色，他想要黑色，"万斯说，"我知道它必须是红色的，所以我必须坚持。"

　　在2010年在大都会歌剧院上演的《茶花女》中，红色连衣裙扮演了重要角色，在第二幕中一直挂在墙上。它代表了维奥莱塔作为妓女的生活，以及她因肺结核而悲惨死亡，也象征着她咳嗽时手帕上留下的斑斑血迹。

　　在流行文化中红色继续用来标记女性的罪恶。《飘》（Gone with the Wind）发表于1939年，也就是《红衫泪痕》（Jezebel）发表的第二年，斯嘉丽·奥哈拉被瑞特·巴特勒逼迫，穿着深红色的天鹅绒参加派对，这样她就无法掩饰自己在诱惑艾希礼后的羞愧。在1954年的《电话谋杀案》（Dial M for Murder）中，格蕾丝·凯利的红色蕾丝礼服给她打上了通奸的烙印，同时也表明了她饰演的角色玛格特的婚外情会变得多么危险。电影开始时，玛格特穿着浅粉色开襟羊毛衫和裙子，与丈夫围坐在早餐桌旁，然后镜头过渡到壁炉旁，她身穿消防车红色衣服，与爱人相拥。"在这种情况下，红色并不意味着停止，而是意味着前行"，导演阿尔弗雷德·希区柯克解释道。

长篇小说《使女的故事》(*The Handmaid's Tale*)，作者是玛格丽特·阿特伍德(Margaret Atwood)。书中的女佣们穿着红色罩衫，标志着她们是基列共和国的女佣。红色代表生育能力，因为它是经血的颜色，但它具有双重含义——在这个厌女社会中，她们被视为受污染的女性，就像中世纪被迫穿红色衣服的妓女一样。这也是一种监禁形式——女主角奥弗雷德意识到她的制服阻碍了她的逃跑，并将她困住，因为亮红色已经成为她身份的灯塔。

革命的红色

1789年7月14日巴士底狱被攻占后，法国爆发了革命，工人阶级戴的简单的红色帽子，成为推翻贵族的爱国象征。那些戴着"胭脂红帽子"的人，被称为无套裤汉的下层人，他们是革命最忠诚的追随者，在暴力中他们毫不妥协。

红帽子具有颠覆性，因为它指的是被迫穿红色衣服的社会弃儿：奴隶、罪犯、妓女和弱智者。红色也曾是贵族的标志，17世纪末路易十四统治时期，优等的男性朝臣穿着的深色鞋子，鞋跟是红色的。

在1792年6月20日的起义中，突袭杜乐丽宫的暴动者将路易十六国王逼到了墙角，并将红色帽子扣在他的头上。爱国者报纸《巴黎革命报》将其描述为"从所有奴役中解放出来的象征，对所有的专制主义敌人而言，它就是团结的标志"。1792年君主制倒台后，红色帽子随处可见，挂在长矛和旗帜上，并作为胜利的象征。这是一种特别适合代表这场血腥、毫不妥协的革命的颜色。这顶红色帽子也被称为"自由帽"，这是美国革命者所拥戴的风格，它激发了法国人民的崛起。整个19世纪，红旗在法国各处飘扬，红色象征着工人为争取权利而进行的抗议运动。

　　1975年，摇滚乐队"纽约娃娃"（New York Dolls）在纽约进行了一系列现场表演，在摆脱毒瘾和内讧后，他们受到了新经理马尔科姆·麦克拉伦的鼓励，他们穿着红色皮革，在一面红色旗帜前进行表演。红色体现了对抗性、蓄意的挑衅，聚集了所有的象征——激情与危险、性、对抗和政治。

红色设计

　　约翰·加利亚诺（John Galliano）在2006春夏系列中引用了法国革命时期的红色，他设计了血块颜色的披肩和外套，并用萨德侯爵（Marquis de Sade）的名言装饰了血迹斑斑的连衣裙，其中包括"今天的法国不是因为谋杀才获得自由的吗？"红色既能暗示危险又能暗示欲望。虽然可可·香奈儿与黑色有着密切的联系，但她也声称喜欢红色，并在她的系列中多次将其作为标志性颜色，因为她认为红色强劲有力，富有生命力，尤其是口红抹出的那一道红色。她曾说，"红色，这是血液的颜色，红色充满了身体，在外表上有所显露，不足为奇"。

意大利时装设计师瓦伦蒂诺·加拉瓦尼（Valentino Garavani）宣称："我认为穿红色衣服的女人总是值得赞扬的。"1959年，当他在罗马康多蒂大街开设工作室时，他的第一个春夏系列以一件充满活力的罂粟红色薄纱鸡尾酒裙为特色，他将其命名为"嘉年华"（Fiesta）。这件连衣裙立即大受欢迎，使他进入了高级时装圈。在杰奎琳·肯尼迪的支持下，他成为20世纪60年代最受追捧的设计师之一，而红色在他的系列中扮演了重要角色。当他还是一名学生时，他有机会在巴塞罗那歌剧院观看了乔治·比泽特（George Bizet）的《卡门》，歌剧的颜色点燃了他的热情。"舞台上所有的服装都是红色的，"加拉瓦尼回忆道。"包厢里的所有女人都穿着红色衣服，她们像阳台上的天竺葵一样向前倾，座位和窗帘也是红色的……我意识到，在黑白之后，再也没有比这更好的颜色了。"

有一种现象被称为"红色服装效应"，红色衣服，特别是女性的红色衣服，会刺激欲望。研究表明，当女性穿红色衣服时，她们比穿其他颜色的衣服更能吸引男性的注意。罗切斯特大学进行了心理学实验，研究颜色如何增强女性在男性眼中的吸引力。给男性看了这些女性照片之后，大多数人认为，穿着红色服装或身处红色背景中的女性最性感。据《国际酒店管理杂志》报道，法国南布雷塔尼大学的尼古拉斯·盖根（Nicolas Guéguen）和塞琳·雅各布（Céline Jacob）的研究发现，涂红色口红的女服务员能从男性顾客那里获得更多的小费。

正如自然界给草莓等多汁水果上色以吸引动物一样，人类也一直把红色作为性诱惑，从18世纪法国女性朝臣脸颊上的深红色粉装，到Victoria's Secret等公司为了提升卧室情趣推出的红色内衣，这些例子表明，无论是邮筒的红色还是樱桃红色、深红色还是赤褐色，红色能使你穿得更狂野、更强烈。

*2

*1. Valentino,
2020/2021 秋冬
*2. 妮可·基德曼,
饰演《红磨坊》的
萨汀, 2001 年

*1.《风月俏佳人》
（1990）中的朱莉
娅·罗伯茨
*2. Valentino，2012
春夏成衣

*1

*2

Pink

 粉色

从艾尔莎·夏帕瑞丽令人震惊的粉色到Instagram最受欢迎的千禧粉，粉色能与所有女性色彩联系在一起，它已经经历了许多身份变化。在18世纪，粉色是时尚男士的流行颜色，穿上粉色的丝绸外套，能彰显男士的年轻和活力。到了20世纪50年代，金发美女简·曼斯菲尔德（Jayne Mansfield）和玛丽莲·梦露刷新了人们对粉色的认识，彩色成为传统女性的标志。粉色被认为是一种甜得腻人的颜色。正如瓦莱丽·斯蒂尔（Valerie Steele）所说："有些人认为粉色漂亮、甜美、浪漫，而另一些人则觉得它粗俗、愚蠢、做作。"在美国人和欧洲人的眼中，粉色是最具分歧的颜色，但日本人称它为"kawaii"（意为"可爱"），完全接受了粉色。追随洛丽塔亚文化的女孩们会戴上泡泡糖褶边、丝带和配套的阳伞，而粉色的Hello Kitty®配饰则得到女学生和成年女性的追捧。

粉色也可以是朋克的颜色。薇薇恩·韦斯特伍德和马尔科姆·麦克拉伦在国王路开了一家店，门头上用橡胶粉色字母拼写"SEX"（性），当时的女性主义运动试图把粉色扔进历史的垃圾箱，但"性手枪"（SEX Pistols）和"冲突"（The Clash）等乐队则在他们的表演中坚持使用荧光粉色以对抗黑色，反抗所谓的高雅，体现其活力，不墨守成规。

虽然粉色与芭比娃娃有着深厚的联系，但近年来，它已转变为千禧一代的一种酷炫的、颠覆性的时尚宣言。它深受那些信奉女性主义思想的一代人的喜爱，粉色的少女感被重新唤醒，穿着它，可以表现一种嘲讽，也可以表现一种对抗。粉色不仅仅是女孩的专利，歌手哈里·斯泰尔斯（Harry Styles）就是一个无视粉色性别特征的明星，他选择了亮粉色、棉花糖西装和衬衫，这让他成为时尚偶像。正如玛丽·匡特（Mary Quant）曾经说过的："如果你想在人群中不引人注意，就不要穿粉色衣服。"

粉色的诞生

长期以来，人们一直把粉色与花联系在一起，其定义含混不清。古希腊人和古罗马人将粉色视为红色的柔和版本，现在大多数欧洲语言都使用拉丁语"roseus"的变体表示"玫瑰"的颜色，传统上"玫瑰"定义的是一种充满活力的红色。在文艺复兴时期的意大利，威尼斯的染工用"incarnato"来表示"粉色"，英语翻译为"carnation"。此外，一种康乃馨，拉丁语称Dianthus plumarius，其花瓣的褶皱边缘被称为"pinks"（早先pink是一个动词，意为用穿孔图案装饰，"pinking shears"一词也由此而来，意为制造扇形边缘的剪刀），词源分析揭示了如今使用的英语单词pink的渊源。

传统上，粉色织物是用源自亚洲的一种蓟类植物红花制成的染料染色而成的。从这些小花中提取的染料有两种：一种是黄色的，一种是红色的，后者被用来制造不同的橙红色、腮红或桃红色，当与碱性物质混合时，甚至会产生更深的红色。在中国古代，红花被用来将丝绸染成各种粉色，同时也被用来制作腮红。这在唐朝的艺术中表现得很突出，周昉的作品中描绘的女性穿着各种各样的粉色长袍，包括《簪花仕女图》和《挥扇仕女图》。

威尼斯商人在15世纪初开始从印度和苏门答腊进口巴西木，他们用这种木材制作的染料染制红色织物，当它与锡媒介剂结合时，也创造出美丽的珊瑚色。在文艺复兴时期，这些新颖的粉色色调受到富人和权贵们的追捧，因为巴西木的产地遥远，所以被认为具有异域风情。

1500年，葡萄牙探险家在南美海岸发现了一种富含单宁的巴西木，这种木材的色素称为"巴西林"（brazilin），能产生更强烈、更耐久的红色和粉色。在这种色素被发现后，这些树木的木芯因其可作为染料的原材料，而成为市场上的紧俏商品。鉴于这种木材的价值，人们用它来命名这片新发现的土地：巴西。这种珍贵的商品也进一步推动了粉色在欧洲的流行，到18世纪中期，欧洲社会将粉色作为异国情调和奢华的象征而加以推崇。像"中国粉""波斯粉"和"刚果粉"这样的名字进一步凸显了这种颜色所谓的"异国"吸引力。

1956年，摄影师诺曼·帕金森（Norman Parkinson）受英国Vogue杂志委托，前往被称为拉贾斯坦邦"粉红之城"的斋浦尔，在那里他拍摄了模特安妮·冈宁（Anne Gunning），她身穿粉色马海毛大衣，旁边是一头装饰精美的大象，还有身穿紫红色长袍和头巾的当地男子。虽然这些图片现在可能被认为是对一个前殖民地的文化挪用，但曾先后担任过Harper's Bazaar和Vogue杂志主编的戴安娜·弗里兰（Diana Vreeland）非常喜欢粉色，当它们被刊登出来时，她称赞这些照片生动地描述了印度的文化和色彩，她说："帕金森先生，你真聪明，知道粉色是印度的海军蓝。"

斋浦尔被称为"粉红之城"，除了用粉色和红色砂岩建造的皇家宫殿外，大王公萨瓦伊·拉姆·辛格二世还下令将每座建筑都粉刷成粉色，这是好客的颜色，以欢迎威尔士亲王阿尔伯特·爱德华（Albert Edward）在1876年的国事访问。紫红色的纱丽和束腰外衣在城市和整个拉贾斯坦邦都很流行，与市场上出售的粉色玫瑰花瓣相匹配。在19世纪之前，印度的染工在自然染料和媒染剂方面的知识是最先进的，他们能用红花和紫胶（提取紫胶的树脂源自无花果树上

*1. 克里斯蒂安·贝拉尔（Christian Berard）为艾尔莎·夏帕瑞丽设计的裙子绘制的插图，来自 *Vogue*，1937 年
*2.《秋千》（*The Swing*），让-奥诺雷·弗拉戈纳尔（Jean-Honoré Fragonard，约 1767）
*3.《绅士爱美人》（*Gentlemen Prefer Blondes*，1953）中的玛丽莲·梦露

的小昆虫）来染出粉红色和红色，其技艺更是令人赞叹。

1856年，威廉·珀金发现了合成紫色染料，这导致了亮丽的苯胺染料的流行，1858年奥古斯特·威廉·冯·霍夫曼首次发现了品红，1859年弗朗索瓦-伊曼纽尔·韦尔甘申请专利的紫红色调，也被称为"索尔费里诺"（Solferino）。1860年7月，《英国妇女家庭杂志》预测晚礼服的流行色为"新色调的粉色，称为索尔菲里诺和品红"。

亮粉色变得越来越平易近人，仆人阶层中穿着很普遍，并作为男性袜子的颜色，因此它被认为是"庸俗的"和"坏品位的"女性时装的颜色。同时，用于制作袜子的品红染料与皮肤上的汗液发生反应，引起脚部炎症。随着越来越多关于这种染料毒性的报道被揭露出来，到19世纪末，明亮的粉红色又令人产生了许多负面的联想。

洛可可式的粉色

随着法国在18世纪成为欧洲的主导力量，时尚从西班牙宫廷的黑色转向启蒙运动时期的浅色。像弗朗索瓦·布歇（François Boucher）和让-奥诺雷弗拉戈纳尔这样的艺术家的洛可可绘画创造了一种奇妙的幻想，他们画的小天使有着玫瑰色的脸颊，女侍臣穿着桃红色和草莓色的丝绸长袍，被大自然包围着。

由于南美洲巴西木的发现，粉色变得更加流行，这种木材创造了一种更明亮、更耐久的粉色。国王路易十五的情妇蓬帕杜夫人是当时最有影响力的女人，她对粉色的喜爱之深，以至于在1757年，法国化学家让·赫罗以她的名字命名了一种粉色：蓬帕杜粉。布彻在1758年的肖像画《梳妆打扮的蓬帕杜夫人》(*Madame de Pompadour at Her Toilette*)中这样描绘，她的脸颊上涂上粉色腮红，身着粉色礼服，相互映照。粉色是胭脂红和白色赭石混合而成的颜色，涂上它不仅使她看起来年轻美丽，并更具强烈的情欲刺激，因身体的感官部位就有相似的颜色，如肉体、嘴唇和乳头等。穿淡粉色内衣被认为特别性感，因为它与白人的肉色融合在一起，当时流行的是白皙的皮肤和轻微的粉色。爱弥尔·左拉(Émile Zola)在他的小说《妇女乐园》(*Au Bonheur des Dames*, 1883)中这样描述百货公司里的内衣："就像一群漂亮的女孩一件件脱下衣服，直到她们裸露出皮肤般的绸缎内衣。"

　　正如A.卡珊德拉·阿尔宾森(A. Cassandra Albinson)在她的文章《女性的欲望和脆弱：18世纪肖像画中的粉色》中所述，16世纪和17世纪订婚肖像画中的女性通常手持康乃馨，代表她们勃勃的生育能力，具有象征性，就像她们手中的粉色花朵一样，暗示她们正处于性的巅峰。粉色代表着女性处于生育期，因此被认为不适合30岁以上的女性——在当时30岁以上被认为是中年——她们也不适合佩戴任何年轻的装饰，如羽毛和花朵。沙龙女主人内克夫人(Madame Necker)曾经评论说："当我们看到一件粉红色的礼服时，我们期待着看到一张漂亮的脸；如果穿这件衣服的女人不再年轻，我们就会感到不快和惊讶。"对此，1743年查尔斯-安东尼·科佩尔（Charles-Antoine Coypel）画了一幅蜡笔讽刺画《用青春装饰老年的愚蠢》（*Folly Embellishing Old Age with the Adornments of Youth*），这种观点表现得淋漓尽致，画中描绘了一个年老的妇女坐在办公桌前，穿着可笑的淡粉色，尽显虚荣。英语短语"in the pink"（非常健康），这样的表达也暗示着粉色是年轻人的专属颜色，无论是男性还是女性。

粉色思维

粉色作为一种清新、女性化的颜色，在20世纪开始流行起来。1936年，意大利时装设计师艾尔莎·夏帕瑞丽从女演员梅·韦斯特（Mae West）的身材尺寸中得到灵感，设计了一款女性身材形状的香水瓶。这款香水的名字以"S"开头，与她名字的首字母相同，在选择瓶身颜色时，她在回忆录中这样描述：

> "（它）在我眼前闪过。明亮的、不可思议的、放肆的、可爱的、涌动着生命的，就像世界上所有的光、鸟和鱼聚集在一起，是中国和秘鲁的颜色，而不是西方的颜色——是一种令人震惊的颜色，纯净而未经稀释。所

以我给这款香水起名叫‘Shocking’（震撼）……这是巨大而直接的成功。这款没有任何广告的香水占据了领先地位，Shocking的色彩成为了永远的经典。"

粉色被选为香水瓶的颜色，让人耳目一新，被称为令人震惊的粉色，与此同时，夏帕瑞丽也在她的时装系列中使用了这种颜色，包括一件背面印有太阳图案的华丽缎面斗篷。夏帕瑞丽与超现实主义艺术家萨尔瓦多·达利（Salvador Dalí）有过很多合作，萨尔瓦多在1936年以梅·韦斯特的嘴唇为灵感，用令人震惊的粉色和红色设计了一系列沙发。达利和夏帕瑞丽还合作了一款前卫的黑色帽子，它的形状是倒扣的鞋子，上面的鞋跟装饰了令人震惊的粉色天鹅绒。黛西·费罗斯（Daisy Fellowes）是当时最时尚、绯闻最多的女性之一，也是少数敢于佩戴这种帽子的女性之一。

在"二战"后的几年里，女性被鼓励回归家庭，承担家庭主妇的责任，否则海外作战归来的男性会有不适，觉得他们的传统角色被取代了。相比战时参战女性身着的卡其色和海军蓝的制服，战后的女性时尚色彩迭出，尤其是粉色。

克里斯汀·迪奥1947年推出的首个系列，掀起了新的波澜，被称为"新风貌"（New Look），因为它摒弃了战争年代实用主义的廓形，突破了战时服装和纺织品的配给限制。在某种程度上，它是倒退的，因为它通过恢复衬垫和紧身胸衣，重新塑造女性身体美的理想化版本。他的礼服和西装采用了奢华的面料，并受到玫瑰花瓣的启发，他自然地在其设计系列中采用了粉色，包括1949/1950秋冬系列的金星舞会礼服，这是一件梦幻般的礼服，淡粉色丝绸薄纱覆盖着闪亮花瓣。

20世纪50年代，美国正处在消费主义飞速发展的繁荣时期，粉色产品在杂志广告和百货商店中屡屡出现。琳恩·佩里尔（Lynn Peril）在她的《粉色思维》（*Pink Think*）一书中写道："当时的美国，正处于一种只能用粉色狂热来形容的痛苦之中。"

粉色时装、"冰粉色"的Playtex内衣，以及一系列涂抹嘴唇和指甲的粉色膏脂。1959年Revlon推出一则广告，"一款新的……热辣的……来自意大利的，充满活力的粉色时尚，优雅！粉红，充满生机和色彩……所以疯狂……故意……完美的粉红色"。1959年4月《纽约时报》刊登了一篇文章，讨论了Elizabeth Arden在口红和服装系列上使用的新颜色——"雅顿粉"。在这篇文章中，她声称"粉色适合所有女性，而不仅仅是漂亮的金发女郎"，雅顿粉色礼服适合鸡尾酒会和晚宴。除妆容和服饰外，粉色还有更广泛的使用空间。"想让头发染成粉色的女性"可以尝试一种新的粉色漂洗产品，"让头发呈现出非常柔和、低调的粉色亮点"。

在由奥黛丽·赫本和弗雷德·阿斯代尔（Fred Astaire）主演的电影《甜姐儿》（1957）中，音乐歌曲《粉色集合》

（*Think Pink*）犹如一本音乐时尚杂志，风靡于世，凯·汤普森（Kay Thompson）饰演编辑玛吉·普雷斯科特，她热衷宣传粉色，她说："摒弃黑色！焚烧蓝色！埋葬米色！"当普雷斯科特被问到她是否也会穿粉色的衣服时，她严厉地回答说："我才不会丢人现眼！"

佩妮·斯帕克（Penny Sparke）在她1995年出版的《唯有粉色：审美品位的性别政治学》（*As Long as It's Pink: The Sexual Politics of Taste*）一书中写道，粉色"代表了对独特性别的强调，这支撑了20世纪50年代的社会，确保了女人就是女人，男人就是男人。性别区分的认知，必须从小灌输，父母是主要的榜样。家里的女孩和妇女应多使用粉色，以强调基本的女性气质"。

对这种传统的性别角色观念，第一夫人玛米·艾森豪威尔（Mamie Eisenhower），德怀特·D."艾克".艾森豪威尔（Dwight D. "Ike" Eisenhower）总统的妻子持有积极的态度。作为军嫂，她多年来跟随艾克将军游弋世界。无论走到哪里，她总是面带微笑，体现出一个完美女主人应有的风采，以丈夫和家庭为荣，她喜欢用这样的话来强化这一点："艾克管理着这个国家。我翻着锅里的猪排！"

她喜欢所有粉色的东西。1953年，在她丈夫的就职舞会上，她身着一件由妮蒂·罗森斯坦（Nettie Rosenstein）设计的粉色棉花糖礼服，吸引了公众的目光：礼服上镶嵌了2000多颗粉色莱茵宝石，闪闪发光。搬进白宫后，她对自己的房间包括浴室进行了装修，采用了一种特定的粉色，这种粉色被称为"玛米粉"或"第一夫人粉"。当她和艾克住在国外时，就喜欢用这种粉红色的居家装饰。第一夫人对粉色的热爱在美国掀起了一股粉色风潮，不仅是粉色的鸡尾酒礼服，浴室，甚至厨房都是粉色的。厨房里，家庭主妇们照着第一夫人的配方，学着制作软糖，价值超过百万美元。

明星简·曼斯菲尔德也喜欢粉色，以此来强化她自己品牌的傻女人味。如果说20世纪50年代理想化的女性形象是金发碧眼、性感撩人，那么小明星曼斯菲尔德就是这种刻板印象的缩影。除了驾驶一辆粉色捷豹外，她结婚时还穿着一件粉色蕾丝紧身礼服。她在日落大道的家被称为"粉色宫殿"，有一次，她还在新修的粉色游泳池里灌满了粉红色的香槟。

"男人希望女人是粉色的，柔弱的，感性的"，她说。然而，她后来反思，她拥抱粉色是渴望得到关注，拥有一个自我宣传的机会。"粉色是我的颜色，因为它让我快乐……用它可以吸引摄影师的目光。来喝上一杯，把我涂成粉色，任何人，只要有相机，我就会邀请。她补充说，我很乐意服从他们的指令，摆出任何他们想要的姿势。我总是乐此不疲。"

在20世纪50年代的好莱坞电影中，粉色常常用于表现少女感和轻松愉悦感。由于电影彩色技术的成熟，银幕上的粉色形象比比皆是。除此之外，粉色充斥着社会生活的方方面面，强化社会上正在推广的传统性别角色，以及保守的观点。玛丽莲·梦露是20世纪50年代名副其实的海报女郎，她在1953年的电影《绅士爱美人》中表演了"钻石是女孩最好的朋友"，迎合了那个时代的消费主义和女性化观念。这部电影的两位明星，简·拉塞尔（Jane Russell）和玛丽莲·梦露的滑稽服装是由威廉·特拉维拉（William Travilla）设计的，旨在强化那个年代的女性意识。

特拉维拉发现，由约瑟夫·布林（Joseph Breen）领导的审查办公室对他施加了特别的压力，要求他确保服装不会违反严格的道德准则，因为这些道德准则控制着好莱坞的作品，禁止过多地暴露大腿、乳沟或肚脐。根据1952年11月颁行的《生产规范》的要求，特拉维拉为梦露设计的许多服装都遭到了封杀，因为它们被指控"有故意吸引观众对她的胸部产生低俗关注之嫌"。

在电影制作过程中，《花花公子》杂志购买并刊登了梦露成名前的一组裸照，而20世纪福克斯公司担心这些照片会对梦露的声誉造成影响。在这场"钻石是女孩最好的朋友"的表演中，特拉维拉最初设计了一款透明的黑色长筒袜，上面巧妙地点缀了莱茵宝石。但在裸照曝光后，公司老板达里尔·柴纳克（Darryl Zanuck）给特拉维拉发了一份备忘录——"把她遮起来"——他被迫想出了一个新妙招,用硬朗的粉色塔夫绸包裹她,打造了现在仍具标志性的无肩带礼服,礼服背面有一个大蝴蝶结,还让她戴上了配套的歌剧手套。在彩色电影中,在粉色布景的衬托下,这件粉色的礼服显得更加大胆明亮,再次确立了粉色作为20世纪50年代女性色彩的地位。

粉色的女孩

在20世纪之前,婴儿们往往穿着简单的白色长袍,其原因是——它们便宜,而且很容易煮和漂白。粉色和蓝色的性别编码直到"二战"后的婴儿潮才流行起来。

路易莎·梅·奥尔科特(Louisa May Alcott)在《小妇人》(*Little Women*)中写道:"艾米在男孩身上系了一条蓝色丝带,在女孩身上系了一条粉色丝带,这是一种法国时尚,显示了性别差异。"不难看出,对女孩的粉色分类是法国的创新,但起源尚不清楚。到1890年,这个概念还没有跨越大西洋。那一年,《妇女家庭杂志》还有这样的记载:"所有的婴儿都使用纯白。如果要用颜色标记,那么蓝色是女孩的颜色,粉色是男孩的颜色。"同样,1893年7月《纽约时报》上一篇关于婴儿服装的文章也有同样的建议,"永远给男孩粉色,给女孩蓝色",因为"男孩的未来比女孩更具玫瑰色彩……一个女孩一经长大,就得在这个世界上过女人的生活,未来总是非常沮丧的。"

2012年，乔·B.保莱蒂（Jo B. Paoletti）对美国六七岁以下儿童的服装进行了一项研究，她确定了什么时候女孩被分配到粉色，男孩被分配到蓝色。她指出，西格蒙德·弗洛伊德（Sigmund Freud）提出了一个观点，即早期的经历会无意识地塑造一个人的性格，尤其是我们的性欲。随着关于儿童发展中性别认同问题的心理学研究逐渐深入，相关研究成果的发表越来越多，人们从而建构了一种普遍的信念，即儿童的性别认识应尽早强化。

到了20世纪40年代末，小男孩的衣服上不再有女性化的细节，尤其是粉色。这是因为当时有一种信念，认为男婴的男子气概应该得到保护和加强，以确保他们不会被误认为是女孩，这种差池会伤害儿童，从而导致"危险的"同性恋。1941年，莱斯利·B.霍曼博士（Leslie B. Hohman）在《妇女家庭杂志》上写了一篇题为"女孩气的男孩和男孩气的女孩"（Girlish Boys and Boyish Girls）的文章。他列举了一个12岁男孩的例子，他的母亲担心他表现出太多的"女孩气"。霍曼建议把这个男孩送到军校，把他重新训练成"一个正常的青年男子汉"。他过度的女性化被归咎于他母亲的不当行为，"在他18个月大时，当他偶然抚摸到她穿在身上的一件粉色缎子连衣裙，表现出愉悦的心情时，她给予了一种不恰当的赞许"。

同样地，人们相信女孩被赋予粉色是为了确保她们有足够的女人味，以履行她们作为妻子和母亲的职责。20世纪

70年代的第二波女性主义者将粉色定位为一种将女孩归类、阻碍她们发展潜力的颜色，她们转而推广中性的绿色和橙色儿童服装。然而，这种对中性颜色的推动不可避免地导致了反弹，进一步强化了粉色作为女孩的颜色。

20世纪80年代，粉色被确立为非常适合女孩的颜色，无论是衣服还是玩具。新的产前技术更是推动了胎儿与颜色的联系。超声波检查可以在怀孕期间向父母透露孩子的性别，因此，他们可以在孩子出生前为他们的孩子购买或获得合适颜色的产品。

到21世纪初，粉色在女孩和女性产品中无处不在——从跑鞋、运动服到泡泡粉色的摩托罗拉翻盖手机。与20世纪90年代的"女性"文化，以及比基尼杀手（Bikini Kill）和考特尼·洛芙（Courtney Love's Hole）等女性主义朋克乐队相比，21世纪初的流行音乐因小甜甜布兰妮（Britney Spears）和克里斯蒂娜·阿奎莱拉（Christina Aguilera）等明星而重新焕发活力，她们通过展现早熟的女性气质，同时吸引了小女孩和年轻女性。像帕丽斯·希尔顿（Paris Hilton）这样的新文化偶像经常被狗仔队拍到穿着Juicy Couture的粉色运动套装，而Victoria's Secret则将超模天使们所穿的粉色内衣推向市场。粉色变得超级性感，Playboy品牌针对青春期前的女孩推出了系列粉色配饰，比如T恤、文具盒和钱包等，造成一些负面影响。

2002年的电影《律政俏佳人》（Legally Blonde）中，

瑞茜·威瑟斯彭（Reese Witherspoon）饰演了艾丽·伍兹，她将粉色视为自己的标志性颜色，进一步推广了粉色。她举止愚蠢，穿着不当，人们认为她缺乏智慧。在成功通过入学考试并被录取后，她开着一辆粉色敞篷车，穿着一套粉色紧身皮衣来到哈佛法学院——遭到很多人的嘲笑。"看看马里布芭比娃娃"，一个质问者说。"亲爱的，海滩在哪儿？"当她的同学哄骗她穿上花式服装去参加一个聚会时，她穿着她的花花公子棉花糖粉色兔女郎套装，她的前男友华纳试图靠近她，并告诉她，"亲爱的，你不够聪明"，劝她放弃去法学院学习。伍兹总是被她对粉色的喜爱幼稚化，然而在电影的结尾，她成功地反驳了那些批评她的人，继续坦然地拥抱她最喜欢的颜色。

在电影《贱女孩》（*Mean Girls*，2004）中，一群被称为"the Plastics"（魔鬼身材）的受欢迎女孩每周三都穿粉色衣服，体现了后女性主义时代的青少年对粉色的热爱。服装设计师玛丽·简·福特（Mary Jane Fort）希望这些贱女孩看起来甜甜美美。她说："当你看到这群人时，你会觉得自己走进了一家美食店，尽管这些美味有损你的健康。"

2006年，索菲亚·科波拉（Sofia Coppola）推出了新电影《玛丽·安托瓦内特》（*Marie Antoinette*），这部电影完全采用了新千年的粉色文化。电影采用了朋克和糖弹的手法，通过后女性主义的视角，讲述了由克尔斯汀·邓斯特（Kirsten Dunst）饰演的法国王后的生活。苏珊娜·费

*1. 克里斯汀·邓斯特在索菲亚·科波拉2006年的电影中饰演玛丽·安托瓦内特
*2. 朱迪·科默在《杀死伊芙》中饰演维拉内尔

*1

*2

*1. 蕾哈娜的Fenty × Puma系列亮相
2017春夏巴黎时装周
*2. Gucci，2016/2017秋冬，米兰时装周
*3. Viktor & Rolf，2019春夏高定系列

*3

里斯（Suzanne Ferriss）和马洛里·扬（Mallory Young）在他们的文章《玛丽·安托瓦妮特：时尚、第三波女权主义和小鸡文化》（*Marie Antoinette: Fashion, Third-Wave Feminism and Chick Culture*）中认为，科波拉的电影代表了第三波女性主义的当代"小鸡文化"，通过服装帮助观众认同她的经历，她是帕丽斯·希尔顿、电影《律政俏佳人》中的艾丽·伍兹或邓斯特本人所表现的王国中的一位明星少女之王。科波拉的电影经常歌颂无羞耻的女孩文化，她对粉色的运用也被融入《迷失东京》（*Lost in Translation*，2003）中，斯嘉丽·约翰逊（Scarlett Johansson）在片头的特写镜头中穿着粉色短裤，她在卡拉OK现场戴着引领潮流的粉色假发。

电影的片名上印着粉色和黑色的《玛丽·安托瓦内特》，借鉴了朋克乐队的美学，这也启发了现代配乐。科波拉给电影的服装设计师米莱娜·卡内罗（Milena Canonero）送了一盒色彩淡雅的Ladurée马卡龙，作为衣橱装饰的参考，包括裙子、丝带、鞋子和扇子上经常使用粉色。在影片中的一个镜头中，克尔斯汀·邓斯特斜倚在躺椅上，周围摆满了奢华的粉色冰蛋糕和馅饼，一位侍女给她穿上了粉红色的鞋子。电影的美学使凡尔赛宫的生活看起来非常奢华——这种奢侈的生活方式最终导致了皇室的灭亡。

千禧年的粉色

奥克萨娜·阿斯坦科娃（Oksana Astankova）在剧中有一个虚构的名字维拉内尔（Villanelle），她在2018年电视剧《杀死伊芙》（*Killing Eve*）上映后成为时尚界的轰动人物。这个由朱迪·科默（Jodie Comer）饰演的角色，虽然是一个精神变态的刺客，总是以别出心裁的方式杀死自己的目标，但她以无可挑剔的风格引领了时尚潮流。其中一件最受关注的单品是设计师莫莉·戈达德（Molly Goddard）设计的一件粉色薄纱连衣裙，它有粉丝账号，并在Reddit上发布了一连串的帖子。粉色的使用具有讽刺意味——一个如此冷血的女人却穿着被认为是柔软而有女人味的粉色。这条裙子也让人想起小女孩们喜爱的薄纱芭蕾裙，自从1832年玛丽·塔格里奥尼（Marie Taglioni）在《仙女》（*La Sylphide*）中穿了粉色紧身衣裤以来，它就与芭蕾舞演员联系在了一起。

同样具有讽刺意味的还有Viktor & Rolf 2019春夏的糖果粉色童装，由多层粉色薄纱制成。它的灵感来自玛丽·安托瓦内特的异类行为，用粗体字写着"少即是多"——这种话题标签和口号反映了网络梗文化的影响。粉色完美地体现了Instagram一代对粉色的狂热追捧，包括火烈鸟、西瓜和龙虾等媚俗事物，都成为广泛趋势的一部分。2017年，火烈鸟形象无处不在，成为花园中常见的塑料装饰品、泳池里的充气玩具（灵感来自泰勒·斯威夫特2015年7月4日举行的泳池派对），也出现在Marc Jacobs 2015春季系列的印花上，随后是 Gucci 2016 早秋系列的广告中也使用了粉色火烈鸟，Prada 推出了火烈鸟主题香水。火烈鸟让人回想起20世纪50年代的美学、迈阿密海滩和猫王的音乐电影《蓝色夏威夷》(*Blue Hawaii*，1961)，以及被称为"粉色宫殿"的比弗利山酒店——热带媚俗的遗迹。

当蕾哈娜在巴黎时装周发布 Fenty x Puma 2017 春夏系列时，她采用了性别流动的风格，粉米色运动服和淡粉色运动鞋，配上柔软的缎面蝴蝶结，就像芭蕾舞鞋的蝴蝶结，并利用了一种被称为"千禧粉"的更广泛的颜色。与《杀死伊芙》中泡泡糖粉色的裙子相比，这种颜色更接近鲑鱼色，是一种耐穿、适应性强的颜色。穿上这种颜色的衣服，尤其适合点缀、穿梭在郁郁葱葱的绿色植物和仙人掌的背景之中。

韦罗尼克·海兰德 (Veronique Hyland) 在2016年8月写了一篇文章《为什么千禧粉突然如此流行？》(*Why Is Millennial Pink Suddenly So Popular?*)，这篇文章发表在《纽约》杂志上。"还记得粉色曾经代表堕落吗？"海兰德写道。她解释说：

> "粉色曾经是芭比娃娃、泡泡糖，以及所有带毒的明亮的塑料物品的颜色，我们这一特殊群体中的许多人小时候就被告知要远离这些物品。而今天流行的粉色并不是当年那个

粉色的借尸还魂。相反，它是具有讽刺意味的粉色，没有甜味的粉色，是一种难以确定的非颜色，它的半丑陋证明了它的复杂性。"

粉色的男人

到了20世纪60年代，随着女性主义运动的发展，男性身份受到挑战，大众对男子气概的近乎于病态的追求，使粉色基本上从男性的衣橱中消失了，有一段时间，连小男孩穿粉色都被认为是不合适的。到了20世纪80年代，粉色与女性气质的联系更加密切，以至于穿粉色衣服的男人被认为是古怪的。

20世纪90年代中期，在亚利桑那州马里科帕县有一个臭名昭著的监狱，管理者是治安官乔·阿尔帕约（Joe Arpaio），男囚犯被发给粉色内裤、凉鞋和毛巾。表面上，这是为了防止囚犯在出狱时携带这些衣服，其实，选择粉色是为了羞辱男性囚犯，因为它被认为是软弱的。这种思维源自纳粹德国，当时因同性恋而被监禁的男子被迫穿着粉红色的三角形衣服，这可能与"Rosarote"一词有关，该词在德国用于男性性工作者，翻译过来就是粉色—红色。1987年，艾滋病释放力量联盟（ACT UP）也采用了一个粉色三角形作为他们的标志，重申这一象征是赋权而不是压迫。

虽然粉色在18世纪很受男性欢迎，但在工业时代，男

*1. 2017年，哈里·斯泰尔斯在《今日秀》中穿着爱德华·塞克斯顿（Edward Sexton）设计的西装

*2. 20世纪50年代，哈莱姆区，舒格·雷·罗宾逊开着他的粉色凯迪拉克

性都穿深色套装，穿太多颜色或过分装饰会被认为是轻浮。20世纪20年代，威尔士亲王等主要人物推动了时髦风格，一些男性有时会穿上粉色的衬衫或西装，但这只是一个过分追求时尚的象征。在小说《了不起的盖茨比》中，杰伊·盖茨比穿了一套粉红色的西装，这让汤姆·布坎南怀疑盖茨比是否上过牛津大学。布坎南认为这种颜色是社会地位低下的象征——"牛津人！……他才不是呢！他穿着一套粉色的西装"。然而，从20世纪20年代起，Brooks Brothers就开始销售粉色衬衫，这体现了常春藤盟校的时尚感，体现了棕榈滩的度假休闲——对有钱有势的人来说，规则是可以被打破的。这一潮流在20世纪50年代达到了新的高度，鞋子、夹克和袜子也有各种深浅不一的粉色，供那些敢穿的人选择。埃尔维斯·普雷斯利（Elvis Presley）在舞台上露面时，要么穿粉色裤子和黑色夹克，要么穿镶有莱茵宝石的粉色连体衣。在20世纪50年代，他买了一辆粉色的凯迪拉克，就像拳王舒格·雷·罗宾逊（Sugar Ray Robinson）的那辆一样。这位拳击手说，他是在访问迈阿密时爱上粉色的，那里的装饰艺术建筑都是用粉彩粉刷的。当他把粉色带回哈莱姆时，他说那里的每个人都把它看作"美国梦的'希望钻石'"。

这是时尚主流不再墨守成规的时刻，但只有短短十年。作家卡拉尔·安·马林（Karal Ann Marling）认为，男性对粉色短暂的拥抱，仅仅是当时"对色彩多样性的普遍迷恋的一部分"，是消费主义的一种狂热表现。

粉色的现在

长期以来，某些亚文化群体对男性穿粉色衣服的规则并不在乎。在刚果共和国和刚果民主共和国相邻的首都布拉察维尔和金沙萨，粉色受到La Sape时尚追随者的欢迎，La Sape代表Société des Ambianceurs et des Personnes Élégantes（时尚引领者和优雅人士俱乐部）。这些工人阶级中的男人，被称为"贫民窟绅士"（sapeurs），成长于因内战而四分五裂的国家，为了表达他们的身份，他们用一系列明亮的颜色来拥抱法国殖民风格的优雅。在2011年《华尔街日报》的一篇报道中，记者汤姆·唐尼（Tom Downey）描述了哈桑·萨尔瓦多（Hassan Salvador）在布拉扎维尔（Brazzaville）90华氏度（约32摄氏度）的高温下，用"浅橙色丝巾"搭配运动外套。摄影师丹尼尔·塔马尼（Daniele Tamagni）2009年出版的《巴孔戈的绅士》（Gentlemen of the Bacongo）一书的封面上，一个时髦的人昂首挺胸地穿着棉花糖粉色西装，打着猩红色领带，脚穿布洛克鞋，头戴红色圆顶礼帽。

嘻哈界也有粉色的支持者。2002年，哈莱姆说唱歌手肯隆（Cam'ron）穿着粉色貂皮大衣和帽子出席纽约时装周，他被认为是粉色流行派的主要推手。这是他对自己的男子气概自信表现的一种方式，表明他拒绝对粉色的刻板印象。同样,像弗兰克·欧森(Frank Ocean)这样的时尚前卫艺术家在2017年也把头发染成粉色,用这种颜色来表明他们不怕挑战预期。歌手哈里·斯泰尔斯也经常穿这种颜色,在他的首张专辑封面上,他选择了一件粉色缎子衬衫搭配白裤子。2017年在《今日秀》上表演时,他选择了由英国设计师爱德华·塞克斯顿设计的粉色西装搭配黑衬衫。这套20世纪70年代风格的西装,刻意参照了米克·贾格尔(Mick Jagger)在1970年穿过的一套粉色西装。当斯泰尔斯身着亚历山大·麦昆的粉色缎面衬衫、系着蝴蝶结登上《滚石》杂志2017年5月刊封面时,他引用了"冲突"乐队的保罗·西蒙的话:"粉色是唯一真正的摇滚颜色。"追随20世纪70年代贾格尔和大卫·鲍伊(David Bowie)等男孔雀的脚步,斯泰尔斯把粉色变成了自己的颜色,无视社会已经内化的粉色性别规则。

相比之下,歌手加奈儿·梦奈(Janelle Monáe)在她2018年的单曲"PYNK"中进一步推动了"女孩的粉色"的概念,这首歌表示了对阴道的致敬,在音乐视频中,她和她的舞者穿着由杜兰·兰汀克(Duran Lantink)设计的阴唇形状的粉色裤子。从中国唐朝艺术和洛可可艺术的早期描绘开始,粉色就用来表现女性气质、年轻、生育能力和情色等概念,尽管粉色代表女孩的概念直到20世纪60年代才牢固确立。

*1. 模特温妮·哈洛
（Winnie Harlow）在
2019年名利场奥斯卡
派对上
*2. Carolina Herrera,
2019秋冬成衣，纽约
时装周

2012年，刚果民主共和国金沙萨的"贫民窟绅士"

的女性公益组织"Gulabi"（粉色）帮所穿的粉色莎丽服，到
2017年1月妇女游行中所戴的粉色猫咪帽。粉色可能是女
性化的，但这并不会削弱其自身的力量。

White 白色

1995年，休·格兰特（Hugh Grant）在好莱坞大道召妓的消息传遍全球，他的女友伊丽莎白·赫利（Elizabeth Hurley）立即被狗仔队团团围住。当一群摄影师站在门口等着采访她时，她并没有显得很委屈，而是穿着白色牛仔裤、白色系带凉鞋、银色上衣，戴着深色墨镜。纯净的白色不仅帮助她在全世界的聚光灯下保持冷静，而且在她的长期伴侣出轨的事实被揭露时，这一造型还巩固了赫利作为一个自信、不屈不挠的女性形象，她是一位可以驾驭最棘手的牛仔裤颜色的女性之一。多年来，白色牛仔裤一直是她衣橱里的主打，这位模特兼演员曾表示，她有50多条白色牛仔裤。

2015年6月，杰茜·卡特尼-莫雷（Jess Cartney-Morley）在《卫报》上为莉兹·赫利的50岁生日写了一篇文章，指出白色牛仔裤是"不穿便装的女性下班时的完美穿着，白色牛仔裤给人一种金钱、轻佻的感觉，而且——多亏了吉莉·库珀（Jilly cooper）式的紧致感——还有某种嬉笑的感觉。它也是坐在切尔西国王路豪宅中畅饮白葡萄酒的女人的制服"。

白色牛仔裤是一种很难保养的服装，因为一点点污垢都会立刻显现出来。因此，白色牛仔裤给人一种财富和奢华的形象，适合那些在地中海乘坐昂贵游艇休闲度假的人士穿着，也适合那些在会员俱乐部里玩耍放松者穿着。一尘不染的白色衣服通常只适合穿在那些有钱有闲的人身上——他们不用担心体力劳动弄脏自己的衣服。自19世纪以来，凉爽的白色亚麻套装和连衣裙是休闲阶层度假时的衣橱选择。

穿白色会增加感性，白色能在天真和任性之间投射出一种矛盾，就像玛丽莲·梦露穿着她最喜欢的白色浴袍时所体现的那样。在电影《热铁皮屋顶上的猫》（Cat on a Hot Tin Roof，1958）中，伊丽莎白·泰勒穿着海伦·罗斯（Helen Rose）设计的希腊风格的白色雪纺礼服，后来被戏称为"猫"礼服，软化了强硬、暴躁的猫玛吉的性格，让她看起来更温柔，更像一只小猫咪。

虽然白色传达的是无羁，但如果穿错了也会被认为俗气。在20世纪80年代，有无数关于埃塞克斯女孩（Essex

girls，指愚笨、邋遢、讲话没修养、随时与人发生关系的女子）穿白色细高跟鞋的笑话，在美国，也有一个社会习俗，劳动节之后不应该穿白色，对此，约翰·沃特斯（John Waters）1994年的电影《杀心慈母》（*Serial Mom*）中就有滑稽的描述。1894年劳动节假期引入后，9月的第一个星期一标志着秋天的到来，人们开始收敛轻薄的夏装，穿上正装，回归商务和学校。

对可可·香奈儿来说，她曾在威尼斯丽都大街上穿着白色缎面睡衣，白色不仅意味着奢侈，还代表着纯净和清洁。这使她想起了在她长大的修道院里刚洗过的床单和白色衬裙，因为几个世纪以来，白色亚麻布被用来做内衣，保持身体的凉爽，并保护外面的衣服不沾汗渍。

在世界各地的文化传统中，白色代表纯洁和贞洁。在古罗马，维斯塔的女祭司穿着白色的亚麻长袍，作为贞洁的象征。在伊斯兰国家，穿着纯白的棉布是忠诚的象征，因为昂贵的丝绸只有在天堂里才穿。白色是刚刚落下的雪、牛奶和香草冰激凌的颜色——所有这些都暗示着某种程度的简单和天真。白光反射光谱中所有的颜色，因此白色物体就变成了一块空白的画布，上面可以显示所有其他颜色。

白色亚麻布的故事

由亚麻制成的亚麻布是最早被发现的纺织品之一，有证据表明它是在公元前5000年左右的古埃及发明的。埃及人在栽培亚麻的基础上发展了自己的工业，亚麻的茎用来做篮子，种子用来生产亚麻籽油，纤维用来纺成白色亚麻布，这是一种适用于各种身份的人的通用纺织品。他们使用基本的织布机，织出有一定长度的白布来制作连衣裙、腰带和斗篷。亚麻布有五种不同的等级，最好的亚麻布是皇室御用的，被称为"月光编织"。

对埃及人来说，精致的白色亚麻布是光明和纯洁的象征，在丧葬传统中扮演着重要的角色。木乃伊和雕像周围紧紧裹着亚麻布，考古学家霍华德·卡特（Howard Carter）1922年在图坦卡蒙国王的坟墓中发现了一些残存的亚麻布。在伦敦大学学院的皮特里埃及考古博物馆里，有两件及地长的紧身白色亚麻连衣裙，其历史可追溯到公元前2500年，是1897年在"灭绝的城市"德沙谢赫发现的，据信是当时留下的随葬品。

到了中世纪，当亚麻布在整个欧洲都有很高的需求时，质量最好的亚麻布被称为"Holland"（荷兰），以它的原产地命名。荷兰生产商用一种秘密的方法垄断了这一行业，他们把布料在碱液和酸奶中浸泡几周，然后让布料在阳光下漂白。这个过程可能长达8个月，需要使用广阔的场地来晾开织物，让它吸收太阳光。

在肥皂还是稀有奢侈品的时代，亚麻布在保持身体清洁方面也发挥了重要作用。羊毛和丝绸在水中洗涤时容易损坏，但白色亚麻布却耐洗，用它做内衣可以充当第二层皮肤，以保护昂贵的外衣免受身体分泌物的玷污。在都铎王朝时期，人们认为保持清洁的最好方法就是经常换上新洗过的亚麻内衣、衬衫、长筒袜和帽子，因为亚麻布做的衣服能吸汗，帮助身体保持舒爽，保护皮肤免受粗糙外衣的伤害。

作为童贞女王，伊丽莎白一世选择穿着昂贵的白色丝绸长袍，衣服上镶着闪亮的白色珍珠来增强她的神圣形象。一位参观都铎王朝晚期宫廷的游客注意到，伊丽莎白穿着由白色丝绸和珍珠制成的衣服，"宫廷的女士们紧随其后，非常漂亮，身材匀称，大部分都穿白色衣服"。

1592 年左右，小马库斯·盖勒茨（Marcus Gheeraerts the Younger）创作了一幅引人注目的伊丽莎白一世肖像，被称为"迪奇利肖像"。在肖像画中，女王穿着一件宽大的白色长袍，袖子很大，带鱼骨的衬裙，斗篷和夸张的蕾丝领子，让她看起来像一只皱褶蜥蜴。礼服所有细节都显得仿佛是在炫耀，白色的绸缎上镶嵌着珠宝和珍珠，象征着她本人的纯洁。甚至她的皮肤也是白到不能再白了，因为涂抹了一种叫作"威尼斯蜡膏"的增白铅膏。夸张的白皙皮肤受人追捧，它可以区分休闲阶层和户外劳作阶层。然而，几乎所有皮肤增白剂都含有很强的毒性，会导致皮肤损伤、铅中毒和脱发等问题。

伊丽莎白女王一世因夸张的褶饰飞边（白色轮状皱领）而闻名，穿戴这种飞边，能让她在宫廷彰显权威。在她的影响下，上浆的亚麻布飞边成为宫廷里唯一的时尚。

《大风中的三个美人》(*Three Graces in a High Wind*, 1810),詹姆斯·吉尔雷(James Gillray)

*1

*2

*1.《穿着裙衫的玛丽·安托瓦内特》(*Marie Antoinette in a Chemise Dress*, 1783),路易丝·伊丽莎白·维吉·勒布伦(Elisabeth Louise Vigée Le Brun)

*2. 伊丽莎白·赫利,1995年

白色薄纱的奇思妙想

18世纪的法国是世界时尚中心，玛丽·安托瓦内特作为统治者，她的穿着让贵族们陷入了疯狂，无论是她高耸的假发发髻上装饰的蓬松的羽毛，还是长袍上鲜艳的新奇的颜色，以及华丽的法国丝绸，无不令人赞叹。1775年，有报道称王后在枫丹白露穿了一件漂亮的灰色长袍，被称为"王后的头发"，朝臣们立即派仆人四处去购买这种颜色的布料。1781年，当她的第一个儿子路易斯·约瑟夫（Louis Joseph）出生时，一种被称为"caca dauphin"的橄榄色诞生了，它是为了纪念这位年轻的王储尿布里的排泄物。

王后总是渴望得到赞美，在着装方面，她轻浮而幼稚，她衣橱里所有的装饰物、配饰和颜色都经过严格的审查，并在1770年首次出版的新时尚杂志上大肆宣传，她花钱大手大脚。1785年，玛丽·安托瓦内特在她的衣橱上浪费了超过25800利弗尔，超过她年度预算的两倍还多，因此她有一个不讨人喜欢的绰号，"赤字夫人"。

王后有一个爱好，在凡尔赛宫里弄一个小宫殿或小特里亚农的私人花园。她认为这是一个浪漫的乡村隐居地，在那里她可以真正做自己。她让她的御用时装设计师罗丝·伯顿（Rose Bertin）为她设计了一件异想天开的田园白色薄纱衬衫，灵感来自让-雅克·卢梭（Jean-Jacques Rousseau）的作品和洛可可绘画，包括弗朗索瓦·布歇等艺术家的作品，将自然浪漫化。

它被称为"王后的内衣",得名于她的影响力。这种亚麻长袍是穿在外套里面的,穿着时拉过头顶,从上到下,罩住全身,再用拉绳固定在身体上。它的颈部和下摆都有荷叶边,由细平布、薄纱、上等细棉布和亚麻布等轻薄面料制成,具有一种自由的运动感,这与前几十年宫廷时尚的精致长裙和假发,以及几乎无法挤过门洞的宽大裙撑截然不同。

1783年,宫廷画家路易丝·伊丽莎白·维吉·勒布伦画的王后身穿白衬衫、头戴草帽的肖像画,在著名的沙龙展览会上展出,引发了一场丑闻。她的着装被认为是非常不正式的,以至于有传言说画中的王后穿的是内衣。

玛丽·安托瓦内特这样一个被认为是轻佻和挥霍无度的人,将农民生活浪漫化,这是对整个法国穷人真正的痛苦和苦难的侮辱。由于她引领了进口棉布的潮流,里昂丝绸行业也谴责她阻碍他们的贸易,这只是王后被她的公民鄙视的原因之一。关于她挥霍无度、赌博和轻率的言论(如"让他们吃蛋糕吧")的谣言四起,她在看歌剧时也遭到唏嘘,媒体对她的抨击更是猛烈。这种仇恨和怨恨最终引发了1789年的革命,当时王室成员被囚禁在巴黎,她和丈夫路易十六都被送上断头台。在玛丽·安托瓦内特被处死的那一天,也就是她丈夫被杀的一年之后,她被推上断头台,身穿一件简单的白色连衣裙,戴着一顶亚麻帽子,如同多年前她所喜爱的那身装束。白色象征着她是一位皇家寡妇,在法国,这是传统上王室寡妇所穿的颜色,被称为"le deuil blanc",翻译成"白色哀悼"。在玛丽·安托瓦内特生命的最后五年，她几乎总是在哀悼，先后失去了两个孩子，失去了亲密的家庭成员，这也是她经常穿白色衣服的另一种解释。

因为酷爱简单的白色礼服，玛丽·安托瓦内特常常遭到一些嘲笑，说她的打扮像一个挤奶女工。法国大革命之后，白色在内阁时期开始象征自由和解放。新政权的领导人以衣冠不整为荣，任何穿着干净衬衫的人都会被视为"纨绔子弟"。与此同时，巴黎女性最流行的是轻薄透明的白色高腰礼服和平底鞋，这是向希腊和罗马共和国的古代雕像致敬。她们的细布长袍非常透，穿起来就像脱光了衣服，因此有传言说巴黎的女人几乎都是赤身裸体的。

对于那些既想表示对王室的秘密支持，又想遵守共和国规则的人来说，白色是密码，因为它既是共和国的颜色，也是波旁王室的颜色。一群叛逆的贵族妇女，被称为"Merveilleuses"（高雅的梅韦莱乌斯女士），她们穿着透明的新古典主义白色长袍，通常被称为"编织空气"，尤其令人震惊。朱丽·阿德莱德·雷加米埃（Julie Adélaïde Récamier）和特蕾莎·塔莲（Thérésa Tallien）是著名的梅韦莱乌斯女士，她们经营着广受欢迎的沙龙，在绘画中总是穿着深领口的纯白色长袍。

奥斯汀时代的白色

在简·奥斯汀（Jane Austen）的《曼斯菲尔德庄园》

艾娃·加德纳为影片《爱神艳
史》（*One Touch of Venus*，
1948）拍摄的宣传照

（*Mansfield Park*，1814）中，范妮·普莱斯来参加表兄弟婚礼，穿着一件刚买的白色礼服，她在晚宴上担心自己穿得太过分了，她的表兄弟埃德蒙对她说："一个女人穿得再白也不过分。不，我看你身上虽然没有华服，但穿得很得体。"

简·奥斯汀的作品中经常出现白色礼服，反映了1790年至1820年英国摄政时期的新古典主义时尚。《诺桑觉寺》（*Northanger Abbey*，1817）中的艾伦夫人告诉凯瑟琳·莫兰，当她拜访埃莉诺·蒂尔尼时，"只穿一件白色长袍；蒂尔尼小姐总是穿白色的衣服"。奥斯汀用白色细布来表现凯瑟琳·莫兰和亨利·蒂尔尼之间发展的关系，亨利·蒂尔尼是一个对细布很了解的人。他说："我姐姐在选择礼服时非常信任我。""有一天我给她买了一件礼服，每一位看到的女士都说这是一笔非常划算的买卖。我只花了五先令一码，还是一件真正的印度细布。"

白色礼服的时尚在18世纪80年代由法国传入英国，并在几十年里成为各阶层女性的主要服装样式。这些简单的礼服在法国被赋予了政治意义，但在英国，它们代表着舒适和自由，尤其是搭配平底拖鞋时。

当时英法交战，革命如火如荼时，女性服装飘逸的轮廓借鉴了古希腊及其艺术、民主和启蒙思想。纤细的轮廓就像古典雕像，而清爽纯净的白色细布、亚麻布或细棉布织物则强化了工业革命时代的清洁感。白色不仅代表美德，而且优雅精致，符合浪漫主义启蒙的愿景。自然之美被认为比装饰华丽的棉衣和摇摇欲坠的假发更有魅力。白色连衣裙既是一件奢侈品，也是农村工人卑微的象征。白色连衣裙在白色的使用上是无辜的，同时它也揭露和暗示日益混乱的性关系。

到了18世纪90年代中期，腰围上升到胸部，袖口也被引入。这些轻盈的白色礼服在颇具影响力的英国社会杂志 *La Belle Assemblée* 上展示过，该杂志于1806年由约翰·贝尔（John Bell）首次出版。1806年7月1日的这期杂志描绘了两位女士穿着飘逸的帝国腰白色印度细布歌剧礼服，搭配白色缎子手套和鞋子。另一个时尚版块展示了在肯辛顿花园散步时女士穿的更朴素的白色细布散步装，展示了它们的多功能性。

随着英国在印度站稳脚跟，英国东印度公司开始进口印度白色细布，这种细布因其细腻、半透明，像泡沫一样轻盈，备受追捧。在18世纪，该公司在伦敦超过一半的销售额来自印度纺织品。来自孟加拉的达卡细布是最珍贵的。从公元一世纪起，阿拉伯商人在整个罗马帝国进行贸易，当丝绸之路开辟时，它穿过亚洲进入欧洲。公元7世纪前往印度的中国探险家玄奘形容这种布料就像"晨曦薄雾"。

达卡棉布是用只生长在梅克纳河岸边的棉花制成的，经过秘密的16步工艺，手工纺成一种轻薄透气的织物，其纱线数高达1200根。印度莫卧儿王朝的统治者对这种纺织业和熟练的织布工人非常重视，但随着莫卧儿帝国的终结，以及19世纪英国王室对次大陆的接管，细布工业遭受重创。

英国东印度公司希望出售自己进口的棉布，迫使纺织工人以更低的成本生产更多的布料，直到他们破产。到20世纪初，这种复杂的织造技术已经消失在历史的长河中。

这些精致的白色织物的美丽和浪漫掩盖了殖民主义、奴隶制和纺织业工人受剥削的真正恐怖。18世纪末，英格兰北部的纺织厂如雨后春笋般涌现，以满足人们对自制细布的需求。

这些纺织厂不仅依赖于工资低、待遇恶劣的工人，还依赖于从美国南部各州蓬勃发展的奴隶种植园运来的美国棉花。从1619年到1808年，大约有40万男女从非洲被卖到美国，在密西西比州等南部州肥沃的土地上采摘和加工这种作物。

虽然奴隶在为白色时装面料提供棉花方面发挥了重要作用，但他们个人只限于使用一些最基本的面料，如从英国进口的粗纺羊毛布，被称为"黑人布"（Negro cloth）。在谢恩·怀特（Shane White）和格雷厄姆·怀特（Graham White）的著作《风格：非洲裔美国人的表达文化，从其开始到阻特装到西装》（*Stylin': African-American Expressive Culture, from Its Beginnings to the Zoot Suit*, 1998）中，他们注意到许多逃跑的奴隶在被捕后被带到南卡罗来纳州查尔斯顿的济贫院，他们都穿着这种布料。1765年，有两个奴隶被描述为穿着"一件古老的白色的黑人布夹克衫和裤子"。据报道，一位名叫罗德的女奴隶于

1775年在马里兰州弗雷德里克县失踪，当时，她穿着一件白色长袍，是一件"其他奴隶常穿的衣服"。

当然，也有许多奴隶拒绝穿上这种粗糙的白色衣服，因为它已经成了奴役的象征，他们希望选择创造自己的时尚美，这将有助于他们逃脱，使他们看起来像自由人。一些奴隶还利用他们纺织的技能，用栽培的靛蓝给他们的普通衣服染上颜色，利用他们的植物学知识，用胡桃树皮染出棕色染料，用雪松苔染出黄色染料。通过使用不同颜色的染料，奴隶们可以创造出自己独特的风格，比如在破旧的衣服上添加补丁，或者在编织材料上涂上彩色的线，制作出星期天穿的漂亮衣服。

1930年，来自乔治亚州的前奴隶本杰明·约翰逊（Benjamin Johnson）在接受"联邦作家计划"采访时表示，虽然他们穿着"普通的白布"，但有些人衣服上的补丁，"层层叠叠，像被子一样厚"。"联邦作家计划"旨在记录那些被奴役者的故事。据《风格》的作者说，他们的写作采用的是"一种非裔美国人的美学观，不仅使用不同的材料和图案，而且使用对比色，以一种干扰白人情感的方式……非洲纺织传统，由非裔美国妇女传承和适应，帮助塑造了南北战争前奴隶社区的外观"。

白色的婚礼

当我们想到白色衣服时，首先想到的很可能是婚纱——

一种带花边和蕾丝装饰的礼服，新娘穿着它，传统上象征着在婚礼当天新娘仍保持着童贞和纯洁。这是一个过时的概念，与现代社会的相关性越来越小。尽管有这些象征性的联想，但让婚纱如此珍贵的是它的代价。婚纱可能是新娘购买过的最昂贵的衣服之一：因为它的颜色和精致的丝绸、缎子和蕾丝，这是一件需要特别呵护的一次性衣服。

1840年，维多利亚女王身穿象牙色缎面婚纱嫁给阿尔伯特王子后，她开启了新娘穿白色婚纱的新习俗。18世纪的时尚插图描绘的婚纱，有鲜红色或其他鲜艳颜色，而像玛丽·安托瓦内特和嫁给乔治三世（George III）的夏洛特（Charlotte）公主，当她们成为皇室新娘时，更喜欢珍贵的金属线布料。

虽然穿白色并不是唯一的选择，以前的新娘也这样做过，但维多利亚的缎面和蕾丝的简约与前几任女王的银色和金色的辉煌形成了鲜明对比。艾格尼丝·斯特里克兰（Agnes Strickland）在1840年为维多利亚撰写的传记中有这样的描述，这位君主"不是穿着闪闪发光服饰的女王，而是穿着一尘不染的白色礼服，像一个纯洁的处女，去迎接她的新郎"。但这并不是为了强调她的童贞，她选择了白色作为完美的颜色来制作礼服，礼服上还有特别定制的德文郡的霍尼顿蕾丝，她希望借此提振萎靡不振的蕾丝行业，同时让白色成为富有新娘的流行颜色。

尽管如此，对于普通女性来说，白色礼服并不实用，也不经济。要保持白色布料的干净整洁成本高昂，此外，只穿一次的礼服对大多数人来说也是一种负担。相反，她们会选择一件可以在其他场合重复使用的礼服。这使得白色婚纱在19世纪成为一种令人向往但往往遥不可及的奢侈品。

梦想和死亡的白色

在许多文化中，白色象征死亡和来世。在中国，白色是死亡和哀悼的颜色，常常使用在古代王朝的葬礼上。在印度教的传统中，寡妇都需披着白布。位于德里附近的温达文被称为"寡妇之城"，因为这里吸引了数千名裹着白布的妇女，其中大多数是上了年纪的妇女，她们在丈夫去世后离开了家庭。

因为白色既代表死亡又代表天国，所以在哥特式艺术和文学中，鬼魂都穿着白色长袍。对死亡的浪漫描绘通常发生在黑夜，发生在那些可能穿着白色睡衣的人身上，他们的白色睡衣与他们一起穿越到来世。

《梦魇》是亨利·福塞利在1781年的创作的画作，画中描绘了幽灵般的白色新古典主义睡袍，这是最具影响力的哥特式作品之一。泰特美术馆将其描述为"恐怖的象征"；这位艺术家的目的是让人震惊和恐惧，他描绘了一个徘徊在沉睡和死亡之间的女人，因狂喜或因欲望而晕倒，一个小恶魔坐在她的胸前，一匹马看着她。也许画中的场景正是她噩梦的再现，或者是一个关于性的寓言。从这幅画中可以看出，

*1. 亨利·福塞利（Henry Fuseli）的
《梦魇》（*The Nightmare*，1781）
*2. 赛迪·弗罗斯特（Sadie Frost）
在《布莱姆·斯托克的德古拉》
（*Bram Stoker's Dracula*，1992）
中饰演露西·韦斯滕拉

穿着白裙子的女人可以成为一种象征，代表死亡和被压抑的欲望。在肯·罗素（Ken Russell）的《歌德夜谭》（Gothic，1986）中，导演强化了福塞利画作的情色欲望，娜塔莎·理查德森（Natasha Richardson）饰演玛丽·雪莱，她穿着紧身的白色睡衣躺在床上，一个妖妇在她头顶盘旋。

在哥特式恐怖电影中，女性受害者和吸血鬼通常穿着凄凉的白色长袍，就像《布莱姆·斯托克的德古拉》（1992）中的露西。这些电影不仅复制了福塞利画作中被带走的灵魂，而且白色既代表贞洁，还代表传统丧服的颜色。

威尔基·柯林斯（Wilkie Collins）的《白衣女人》（The Woman in White）被认为是轰动一时的悬疑小说的最早典范。小说于1859年连载出版，开篇就让读者激动不已：艺术教师沃尔特·哈特赖特深夜返回伦敦，独自行走，d大街上空无一人，忽然有一只手搭在他的肩膀上，他感到一阵可怕的寒意。他转身看到"一个孤独的女人身影，从头到脚穿着白色的衣服"。此刻，一个女人独自行走在大街上，不仅奇怪，而且她的衣服和帽子全是白色，不合时宜，穿着它行走在黑夜之中。这名女子名叫安妮·凯瑟里克，她从疯人院逃了出来，这件白色衣服成为她精神不稳定的象征，因为人们发现，她在童年时期遭遇了创伤，所以选择穿戴白色。

白色作为过去的记忆也被引用在艾米莉·勃朗特（Emily Bronte）1847年的小说《呼啸山庄》（Wuthering Heights）中，作为凯瑟琳·恩肖死后灵魂的服装。凯特·布什（Kate Bush）在1978年的热门歌曲《呼啸山庄》的MV中，表现了她对哥特式小说的歌颂，幽灵般的白色维多利亚风格的睡衣衬托了她飘逸、夸张的动作。尽管视频很简单，或者正因为如此，她通过戏剧性的舞台和编舞创造了一个强有力的形象。白色的裙子让她更加贴近凯西的精神，呼唤窗外的希斯克利夫。它充满魔力，令人着迷，强化了哥特式的白衣女子的形象，徘徊在生与死之间的白色。

查尔斯·狄更斯的《远大前程》（*Great Expectations*）（1860—1861）中的郝薇香小姐，她被置于未婚的边缘，仍然穿着她被情人抛弃时穿的白色婚纱。破烂的白袍子使她处于既不是生也不是死的状态。狄更斯写道：

> "她的衣服料子很讲究，绸子、花边、丝绸，全都是白色的。她的鞋子也是白色的。头发上挂着长长的白色面纱，头上戴着新娘的花，但她的头发是白色的……我发现，在我的视线范围内，所有东西都应该是白色的，很久以前都是白色的，但现在它们失去了光泽，褪成了黄色。我看到穿婚纱的新娘像婚纱一样枯萎了，也像花儿一样枯萎了，除了她凹陷的眼睛，什么也没有留下。"

*1

*2

*1. 电影《邮差总按两次铃》(*The Postman Always Rings Twice*, 1946),拉娜·特纳(Lana Turner)

*2. 女演员珍·哈露(Jean Harlow)的照片,乔治·赫雷尔(George Hurrell)拍摄,约1934年

*3. 2019年2月,亚历山大·奥卡西奥-科尔特斯(Alexandria Ocasio-Cortez)和其他民主党众议员在国情咨文会上

银屏上的白色缎子

1929年华尔街崩盘后，白色作为青春和诱惑的颜色，席卷了全世界。可可·香奈儿将20世纪30年代形容为"率真的清白和白色缎子"，她以浪漫的纱缎礼服和白色缎子制作的沙滩睡衣，引领潮流。正是在好莱坞，白色缎面礼服找到了自己的家，在黑白胶片上闪闪发光，对于那些因大萧条而失业或排队领取救济的人来说，找到了一种纯粹的逃避现实的奢华、诱惑和魅力。

与白色绸缎联系最紧密的明星是最初的金发性感尤物珍·哈露。米高梅的服装设计师吉尔伯特·阿德里安（Gilbert Adrian）帮助塑造了这一女神形象，他在电影《金发炸弹》（*Bombshell*，1933）和《晚宴》（*Dinner at Eight*，1933）中为她设计了纯白的衣服。在那张乔治·赫雷尔拍摄的宣传照片中，她穿着白色雪纺，斜倚在一张北极熊地毯上。她昂贵的白色礼服代表着纯洁和天真，尽管她以厚颜无耻的性感而闻名。"白色缎子很精致。金发女郎中金发最著名的珍·哈露也是如此。白色穿在她身上就是一幅迷人的画作"，1935年12月的《电影经典》（*Movie Classic*）杂志写道。

黑色服装是反派或吸血鬼的标志，白色服装则通常代表善良。然而，拉娜·特纳出演的《邮差总按两次铃》（1946），其中的服装却颠覆了这个传统认知。这个蛇蝎美人在整部电影中都穿着纯白的衣服，相当出人意料，这也增加了科拉·史密斯这个角色的复杂性，她与约翰·加菲尔德（John Garfield）饰演的流浪汉弗兰克·钱伯斯之间柔情似水的恋情导致了施虐和谋杀。正如电影导演泰·加尼特（Tay Garnett）所说："白色服装是我和制片人凯里·威尔逊（Carey Wilson）想到的。在那个时候，要让一部涉及性事的电影通过审查是一个很大的问题。我们认为应该给拉娜穿上白色的衣服，让她做的一切看起来不那么性感。同时白色也非常吸引人。"《纽约客》影评人波琳·凯尔（Pauline Kael）在回顾这部电影的评论时指出，拉娜饰演的科拉"穿着无可挑剔的白色，似乎要掩盖她的激情和杀人冲动"。

白色套装

2019年1月，纽约州民主党众议员亚历山大·奥卡西奥-科尔特斯宣誓就职时，特意选择了白色套装。她在Instagram上宣布，用这种颜色来纪念一个世纪前在英国为女性争取投票权的女性参政者，是为了"纪念在我之前的女性，以及未来的女性"。

白色、紫色和绿色是艾米琳·佩西克-劳伦斯为团结英国妇女参政运动而选择的颜色。1908年，30万名妇女走上伦敦海德公园，争取妇女投票权。白色不仅是纯洁的象征，也是爱德华七世时期女性衣橱里的必备品。世纪之交的时尚又回到了摄政时期干净清新的白色，因为它们与维多利亚时代有毒的合成染色长袍形成了鲜明的对比。穿女性化的白色衣服也是妇女参政论者避免被贴上"男子气概"标签的一种方式，这样她们的抗议就会被听到。

后来，白色被美国政界的女性所接受，成为一种象征权力和新开始的颜色。1969年，雪莉·奇泽姆（Shirley Chisholm）当选美国国会首位黑人女性议员后，身穿全白套装；1984年，杰拉尔丁·费拉罗（Geraldine Ferraro）接受提名成为首位女性副总统时，也身穿白色套装。

希拉里·克林顿以热爱白色长裤套装而闻名，她在2016年夏天的民主党全国代表大会上穿了一套Ralph Lauren的套装，在2016年10月的第三次总统大选辩论中也是一身白色套装。由此，人们对白色长裤套装的兴趣激增。《纽约时报》援引全球电商平台Lyst的编辑总监凯瑟琳·奥默罗德（Katherine Ormerod）的话说："长裤套装的兴趣大幅反弹，自2016年1月以来上涨了460%。人们对白色长裤套装的兴趣显然超出了预期——尤其考虑到以往在这个时期，我们通常会看到人们对各个类别的白色服装的购买欲望出现季节性的下降。"

在2016年大选的准备阶段，一个草根运动发起的话题标签，敦促女性"Wear White To Vote"（穿白衣去投票），作为向女性参政权者致敬的一种方式。2017年1月，在特朗普总统的就职典礼上，希拉里穿了另一套Ralph Lauren的白色裤装，搭配羊毛外套，作为选举失败后希望和勇气的象征，用她自己的话说："向我们的民主致敬。"

2018年，梅拉尼娅·特朗普（Melania Trump）穿着象牙色的Christian Dior裤装出席国情咨文演讲，这是在唐纳德·特朗普（Donald Trump）与成人电影明星斯托米·丹尼尔斯（Stormy Daniels）的婚外情丑闻之后，她第一次公开露面支持丈夫，她选择的颜色令人惊讶。梅拉尼娅·特朗普的衣橱通常暗含"密码"，比如《走进好莱坞》节目爆料她丈夫的丑闻之后，她穿了一件粉色蝴蝶结衬衫，或者一件有争议的夹克，上面印着"我不在乎，你在乎吗？"。也许她是故意通过穿上民主党女性所喜欢的颜色来激怒她们，或者通过一种许多民主党女性喜欢的解读的方式表明自己的态度，也许她是在以一种女性主义的方式谴责她丈夫众多的婚外情。

20世纪60年代，太空时代到来，当人们想象未来时，它通常是白色和银色的——冷静、干净、光亮。美国国家航空航天局为进入太空的宇航员设计的太空服就是这种颜色。这种颜色也深受设计师安德烈·库雷热（André Cour-règes）和帕科·拉巴尼（Paco Rabanne）的青睐，他们设计的连衣裙采用金属和塑料的银色和白色。安德烈·库雷热喜欢白色的纯净，这让他想起了网球白色和西班牙房屋的石灰水，他发明了自己的漂白剂，加入了一种蓝剂，使白色更加明亮。他的白色束腰外衣、迷你裙、高筒靴和头盔定义了他1965年系列中的"月球女孩"风格，这些单品即使出现在几年后上映的斯坦利·库布里克的《2001太空漫游》

(*2001: A Space Odyssey*, 1968) 的片场, 也不会显得格格不入。正如美国版 *Vogue* 时尚编辑苏珊·特莱恩 (Susan Train) 在回忆这个开创性的系列时所说:"与其他设计师的裙子相比, 这些裙子很短。他们让每个人都穿上束腰外衣和裤子, 而且有很多白色, 这真是令人震惊。"

在过去的几十年里, 从Calvin Klein的中性内衣到苹果的iPhone产品, 白色一直被视为极简主义时尚的一部分。在苹果的iPhone产品中, 白色蕴含着单纯、清洁和独特等传统观念。一件白色T恤, 如Calvin Klein20世纪90年代广告中的演员詹姆斯·迪恩和凯特·莫斯所演绎的、朴实无华的白色, 令人产生误解, 因为它是休闲而刻意风格的极致。

1996年, Gucci创意总监汤姆·福特 (Tom Ford) 让卡洛琳·墨菲 (Carolyn Murphy) 身着极简风格的白色礼服走秀, 礼服腰间开了一个钥匙孔, 可窥见裸肤, 里面没有内衣。这条裙子几乎立即售罄, 完全体现了白色的象征意义——简单、昂贵、奢华和天真, 在凉爽的表面下隐含着即将爆发的性感。

汤姆·福特为Gucci设计的1996秋冬时装

参考资料

Capote, T. (1998). *Breakfastat Tiffany's*. London: Penguin.

Chitnis, C. (2020). *Patterns of India: A journey Through Colors, Textiles, and the Vibrancy of Rajasthan*. New York: Pisces Books.

Chrisman-CampbelK. (2015). *Fashion Victims: Dress at the Court of Louis XVI and Marie Antoinette.* London: Yale University Press.

Dean, J. (2018). *Wild Colour How to Make and Use Natural Dyes*. London: Mitchell Beazley.

Downing S. (2010). *Fashion in the Time of Jane Austen*. London: Shire Library.

Phipps, E. (2010). *Cochinea Red: The Art History of a Color*. New York: Metropolitan Museum of Art.

Evans, G. (2017). *The Story of Colour An Exploration of the Hidden Messages of the Spectrum*. London: Michael O'Mara.

Fox, C. (2018). *Vogue Essentials: Little Black Dress*. London: Conran.

Fraser, A. (2002). *Marie Antoinette.* London: Weidenfeld and Nicolson.

Garfield S. (2018). *Mauve. How One Man Invented Colour that Changed the World.* London: Canongate.

Goodman R. (2017) *How to be a Tudor: A Dawn-to-Dusl Guideto Everyday Life*. New York: Liveright.

Goodwin J. (2003). *A Dyer's Manual.* London: Ashmans Publications.

Jaeger, Gustav, trans. Tomalin, Lewis RS. (1887) *Dr Jaeger's Essays on Health-Culture*. London: Waterlow and Sons.

Kobal, J. (1977) *Rita Hayworth The Time, the Place, the Woman.* London: WH Allen.

Laverty, C. (2021) *Fashionin Film.* London: Laurence King.

Luhanko, D. and NeumullerK. (2018). *Indigo. Cultivate Dye, Create.* London: Pavilion.

Lynn, E. (2017). *Tudor Fashion.* Connecticut: Yale University Press.

Matthews David, A. (2017) *Fashion Victims: The Dangers of Dress Past and Present.* London: Bloomsbury Visual Arts.

McDonaldF. (2012). *Textiles: A History*. Yorkshire: Pen Sword.

McKinley, C. (2011) *Indigo: in Search of the Colour that Seduced the World.* London: Bloomsbury.

Paoletti, J. B. (2002) *Pink and Blue: Tellingthe Boys and Girls in America.* Indiana: Indiana University Press.

Pastoureau, M. (2017) *Red: The History of a Color*. New Jersey: Princeton University Press.

Perrault, C. (2019). *The Fairy Tales of Charles Perrault: with original Color Illustration by Harry Clarke*. Ballingslov: Wisehouse Publishing.

Petherbridge D. (2013). *Witches and Wicked Bodies*. Edinburgh: National Galleries of Scotlandin association with the British Museum.

Pliny the Elder. (1991)*The Natural History Book 20, Chap.79*. London: Penguin Classics.

Postrel, V. (2020). *The Fabric of Civilization How Textiles Made the World.* New York: Basic book.

Robinson S. (1969). *A History of Dyed Textiles.* London: Studio Vista London.

Schiaparelli, E. (2007). *Shocking Life: The Autobiograph of Elsa Schiaparelli.* London: V&A Fashion Perspectives.

Shrimpton J. (2016). *Victorian Fashion.* Oxford: Shire.
St Clair, K. (2019).*The Golden Thread: How Fabric Changed History.* London: John Murray.
St Clair, K. (2016). *The Secret Lives of Colour*. London: John Murray.
Steele, V. (2008). *Gothic: Dark Glamour.* Connecticut Yale University Press.
Steele, V. (2018). *Pink: The History of a Punk, Pretty, Powerful Color.* New York: Thames and Hudson.
Strickland, A.(1840). *Queen Victoria from her birth to her bridal: In two volumes.* London: Henry Colbern.
Truhler, K. (2020). *Film Noir Style: The Killer 1940s.* Pittsburgh:GoodKnight Books.
Vigee-Lebrun, L. trans. Strachey, L. (1903). *Memoirs of Madame Vigee Lebrun*. New York: Doubleday Page Company.
White, S. and White, G. (1998). *Stylin: African American Expressive Culture From Its Beginnings to the Zoot Suit*. New York: Cornell University Press.

学术期刊

Bryant, K. N.(Fall 2015). *The Making of a Western-Negro-Superhero-Savior: Django's Blue Velvet Fauntleroy Suit*. Studies in Popular Culture, Vol.38, No.1.
Gueguen, N., and Jacob, C.(2012). *Lipstick and tipping behavior: when red lipstick enhance waitresses' tips.* International Journal of Hospitality Management Vol.31.
Jack, B. (April30,2014). *Goethe's Werther and its effects.* The Lancet.
Lubrich, N. (December2015). *The Wandering Hat: Iterations of the Medieval Jewish Pointed Cap.* Jewish History Vol.29, No.3/4.
Nicklas, C. C. (Novembe2009). *Splendic Hues: Colour Dyes, Everyday Science, and Women's Fashion,1840-1875* University of Brighton.
Niesta-Kayser, D., Elliot, A. J. and Feltman, R.(2010). *Red and romantic behavioin men viewing women,* European Journal of Social Psychology. Vol.40.
Sukenik, N.,Iluz, D., Amar, Z.,Varvak, A.,Workman V.,Shamir,O.,and Ben-Yosef,E. (June28 2017) *Early evidence (late 2nd millennium BCE) of plant-based dyeing of textiles from Timna, Israel*. Plos One
Worth, R. (September13,2013). *Clothing in the Landscape: Change and the Rura / Vision in the Work of Thomas Hardy (1840to 1928).* Cambridge University Press.

报纸和杂志

An Other Mag. (4 January2019). 'How Wearing White Becamea Symbol of Female Solidarity'.
Associated Press. (1September2017). 'Prince's other sister confirms what we've known all along'.
The Atlantic¸ Zafar,A. (15March2010). *Deconstructing Lady Gaga's 'Telephone' Video*.
BBC Future,Gorvett Z.(17March2021). 'The legendary Fabric that No One Knows How to make'.
The Cut, Hyland,V.(2 August2016). 'Why Millennial Pink Suddenly So Popular?'
Glamour Magazine, Lester,T.L. (10October2011). 'A real Life Pan Am Stewardess on What It Was Like to Wear That Famous Uniform'.
Guardian, Cartner-Morley. (10June2015).

'Elizabeth Hurley at 50: how she has influenced your wardrobe (whether you like it or not)'.

Guardian, Cocozza,P.(20 May2010). 'Nudes the hot fashion colour racist?

Guardian, Cartner-Morley. (26July 2017. 'Clultropicana! Why kitschis everywhere this summer'.

JSTOR Daily, Brennan,S. (9 September2017). 'A Natural History of the Wedding Dress.

Life. (18 August 1961). 'Four Lovelies Express Themselves in Color on A Daffy Tinge Binge?

New York Times, Robertson N.C. 22 May1963). 'Set the Trends in Living for Many Other Americans'.

New York Times. (23 July 1893). 'Finery for infants'.

New York Times, Emerson,G. (10 July 1958). 'Jear Besist Any Change in 108 Years'.

New York Times, Espen,H. (21 March 1999). 'Levi Blaes'.

New York Times, Friedman, V. (30 January 2018). 'Melania Trump and the Case of the White Pantsuit'.

New York Times, Friedman,V.(7 Novembe2016). 'On Election Day, the Hillary Clinton White Suit Effect'.

New York Times. (6 April 1959). 'Pink Pushed as Fashion Hue'.

New York Times, Elder, R. (28 October1973). 'Retain Chic in London'.

New York Times, Holmes, C. (16November1952). 'This the Beat Generation.

Nylon, Soo Hoo, F. (2 July 2020). 'Why the Yellow Dress Will Forever be Iconic, from Rom Coms to Fairy Tales'.

Photoplay, Scullin,G. (November 1956). 'The girl with the Lavender life'.

Stylist, Wills,K. (15October2016). 'Aubergines the new black: from lips to chips the eggplant is havinga cultural moment right now'.

The Times, Hulanicki,B. (August15, 1983). 'The Dedicated Modeller of Fashion'.

The Times. (1 December 1803). 'London Fashions for December'.

Vogue Business. MaguireL.(26 October 2020). 'Kim Kardashian: On Shapewear.

图片版权

图书在版编目（ＣＩＰ）数据

时尚的颜色：10种服饰颜色的故事 / (英) 卡罗琳
·杨 (Caroline Young) 著；余渭深，邸超译. -- 重庆：
重庆大学出版社, 2023.6（万花筒）
书名原文：The Colour of Fashion: The story of
clothes in 10 colours
ISBN 978-7-5689-3858-7

Ⅰ.①时… Ⅱ.①卡… ②余… ③邸… Ⅲ.①服装色
彩 Ⅳ.①TS941.11

中国国家版本馆CIP数据核字(2023)第066582号

时尚的颜色：10种服饰颜色的故事
SHISHAGN DE YANSE SHIZHONG FUSHI YANSE DE GUSHI
[英]卡罗琳·杨（Caroline Young） 著
余渭深 邸超 译

责任编辑: 张 维 书籍设计: M°°° Design
责任校对: 邹 忌 责任印制: 张 策

重庆大学出版社出版发行
出版人: 饶帮华
社址：（401331）重庆市沙坪坝区大学城西路21号
网址：http://www.cqup.com.cn
印刷：天津图文方嘉印刷有限公司

开本：889mm × 1194mm 1/32 印张：11 字数：220千
2023年6月第1版 2023年6月第1次印刷
ISBN978-7-5689-3858-7 定价：88.00元